U0457268

电网典型事故案例及分析

国网湖北电力调度控制中心 编

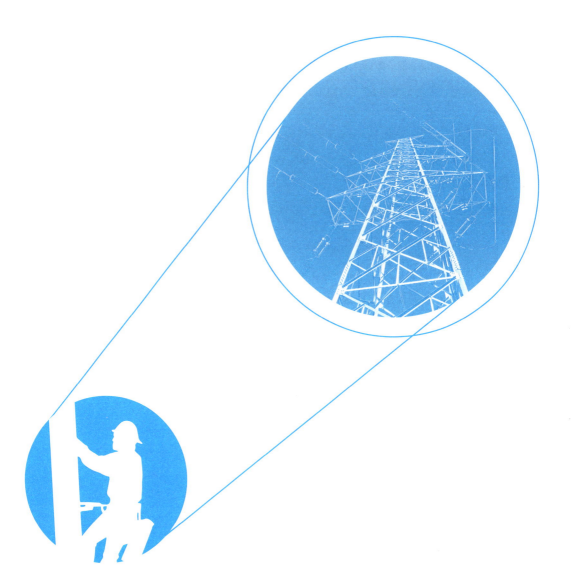

中国电力出版社
CHINA ELECTRIC POWER PRESS

内容提要

了解重大电力事故至关重要，因为它们直接关系到能源安全、社会稳定及民众生活，是提升电力系统可靠性的关键。

本书挑选了十个近些年来国内外重大电网事故典型案例，以"事故发生前—事故发生后—恢复供电"的时间轴梳理了事故演化的过程，剖析了事故发生的直接和深层原因。全书共分 4 章，内容分别为高比例新能源冲击电网平衡稳定、网架结构薄弱及运行方式不合理、电力系统继电保护防线存在漏洞、极端天气自然灾害破坏电网结构。

本书面向电力系统调度运行、运维检修等专业技术人员、管理人员以及相关领域的科研人员，通过梳理事故过程、挖掘背后原因、提出改进建议，充分发挥事故案例的警示作用，为保障电力系统安全稳定运行助力。

图书在版编目（CIP）数据

电网典型事故案例及分析 / 国网湖北电力调度控制中心编 . —北京：中国电力出版社，2025. 4

ISBN 978-7-5198 -8497-0

Ⅰ . ①电… Ⅱ . ①国… Ⅲ . ①电网—事故处理—案例

Ⅳ . ① TM727

中国国家版本馆 CIP 数据核字（2024）第 002573 号

出版发行：中国电力出版社

地　　址：北京市东城区北京站西街 19 号（邮政编码 100005）

网　　址：http://www.cepp.sgcc.com.cn

责任编辑：杨　扬（y-y@sgcc.com.cn）

责任校对：黄　蓓　王海南

装帧设计：锋尚设计

责任印制：杨晓东

印　　刷：北京九天鸿程印刷有限责任公司

版　　次：2025 年 4 月第一版

印　　次：2025 年 4 月北京第一次印刷

开　　本：710 毫米 ×1000 毫米　16 开本

印　　张：7.5

字　　数：129 千字

定　　价：58.00 元

编委会

前 言

能源是经济社会发展的重要物质基础和动力源泉，关乎国计民生和国家安全。党的十八大以来，习近平总书记对能源工作高度重视，就推动能源发展作出了一系列重要指示批示，并于2014年6月创造性提出"四个革命、一个合作"能源安全新战略，为推动新时代能源高质量发展提供了根本遵循。电力安全是能源安全的重要组成部分，做好电力安全工作是落实总体国家安全观和能源安全新战略的具体体现。

当前，世界百年未有之大变局加速演进，我国经济发展、能源消费增速强劲，电力安全保障面临前所未有的严峻形势：一是在"双碳"目标引领下，能源结构快速转型，同时主网架及系统运行特性发生重大变化，电力可靠供应面临挑战；二是新型电力系统加速构建，"源网荷储"协同共治存在不足，电网安全运行风险增大；三是进入新发展阶段，我国发展的内外部环境发生深刻变化，电力信息网络安全面临突出威胁；四是电力设备规模大幅增加，极端事件多发，对电力安全工作提出更高要求。

因此，为迎接以上风险挑战，加强电力安全保障，广大电力工作者有必要从近年来的重大电网事故中汲取经验教训，防患于未然的同时，提高电力应急处置和供应保障能力。本书聚焦大电网安全稳定运行，挑选了十个近些年来国内外重大电网事故典型案例，并将其划分为4章，分别是高比例新能源冲击电网平衡稳定、网架结构薄弱及运行方式不合理、电力系统继电保护防线存在漏洞、极端天气自然灾害破坏电网结构。本书分别针对各案例的特点，简要介绍了事故发生地的电力系统背景（包含电源配置、网架结构及电力市场等）；以"事故发生前—事故发生后—恢复供电"的时间轴梳理了事故演化的过程；剖析了事故发生的直接和深层原因；在此基础上，结合当前我国电力系统运行情况，进行了深入的思考并提出了进一步的启示与建议。

尽管本书对案例进行了粗略的划分，然而每个案例反映出的问题并不仅仅涉及所划分的类别。所提案例的背后往往是多种风险因素的叠加作用结果。这启示了广大电力工作者，要以过往的事故案例为鉴，用发展的视角和系统的思维，全面审视并着力消除威胁电力系统安全稳定运行和电力可靠供应的危险点，持续提升技术创新与运行管理水平，有力保障电力安全。

目 录

第一章

高比例新能源
冲击电网平衡稳定

案例1
美国加利福尼亚州2020年"8·14"轮流停电事故

📈 事故概况

美国加利福尼亚州（State of California，简称加州）当地时间2020年8月14日15：20，加州独立系统运营商（California Independent System Operator，CAISO）宣布电网进入二级紧急状态。这是自2007年以来CAISO首次在已采取所有缓解措施的情况下，电网供电仍不能满足预期的负荷需求。当日18：36，为了防止电力系统崩溃，CAISO宣布电网进入三级紧急状态，为近20年发布的最高等级紧急状态，并立即对居民用户实施轮流停电，49.2万企业与家庭的电力供应被迫中断，最长停电时间达150min。随后，在8月15日18：28，CAISO再次对用户实施轮流停电，停电时间最长达90min，影响32.1万用户。此后，在8月17—18日间以及9月5—6日间，CAISO两度宣布电网进入二级紧急状态。

这次事件中，由于CAISO未对2020年8月14日的轮流停电进行提前通知，加州的正常生产和生活都遭受了极其严重影响。比如，一家污水处理厂的水泵因突然停电而停止工作，导致约189.5m³未经处理的废水被直接排放到奥克兰（Oakland）河。又比如，轮流停电发生时，加州正经历创纪录的高温天气，超过81万用户的空调等制冷设施无法使用，严重影响了居民用户的正常生活，危及人民群众的生命安全。

本案例首先介绍了加州电力系统概况，接着梳理了加州电网2020年8月和9月进入紧急状态的过程并分析了原因。最后，结合中国电网发展现状，提出此次事故对中国电网在提前预防极端天气、重点关注需求响应常态化、稳步提升跨区域电力调度能力方面的启示。

♻ 加州电力系统概况

加州位于美国西部，西临太平洋，面积411013km²，常住人口4012万。加州电力的生产和传输以及电力市场的正常运行由非营利组织CAISO负责。其首要任务是保障电网可靠高效运行，提供公平开放的批发电力市场，促进可再生能源发展和绿色电网建设。CAISO管理着加州80%的电力。其监管的市政电力公司主要有3家，按规模排序为太平洋天然气电力（PG&E）、南加州爱迪生（Southern California Edison）及圣迭戈天然气电力（San Diego Gas & Electric）。

（一）电源概况

截至2020年，CAISO管理的总装机容量为81366MW，其各种能源装机容量比例如图1-1所示。加州电力供应主要依靠燃气机组和光伏发电，风力发电占比7.37%。

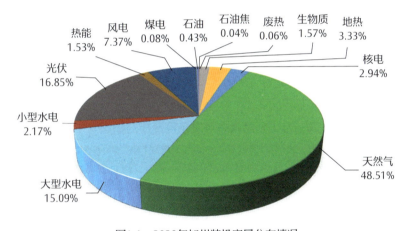

图1-1　2020年加州装机容量分布情况

自2000年以来，加州可再生能源发电量大幅增长，占比从12%增加到2018年的31%以上。目前加州电力系统可再生能源发电类型包括光伏、生物质、地热、水力和风力发电等。其中，加州光伏发电装机容量为全美第一。2018年9月，时任加州州长杰里·布朗签署了名为*California Renewables Portfolio Standard Program: emissions of green house gases*的清洁能源法案（SB100法案），法案设定的目标为：到2026年可再生能源发电量将占全州发电量的50%；到2030年，该比例提高到60%；到2045年实现100%可再生能源和零碳电力供应。

（二）网架概况

加州电网输电系统主要包括500、345、220kV等若干个电压等级，由多家电网公司共同运营，其中最大的电网公司为太平洋天然气电力（PG&E），运营范围覆盖加州全网80%以上。加州电网北部与俄勒冈（Oregon）州电网互联，南部与亚利桑那（Arizona）州、墨西哥等电网互联。

CAISO负责加州绝大部分高压输电系统的调度，同时负责加州电力批发市场和美国西部不平衡电力市场（Energy Imbalance Market，EIM）的运营。CAISO受联邦能源监管委员会（Federal Energy Regulatory Commission，FERC）的管辖，并遵守北美电力可靠性公司（National Electric Reliability Corporation，NERC）和西部电力协调委员会（Western Electric Coordinating Council，WECC）颁布的可靠性标准。

（三）电网运营与管理机制

1. CAISO通告机制

当外部环境或系统运行条件威胁到加州电力系统安全可靠运行时，CAISO会发布通告。通告类型主要包括警报、警告及紧急状态等。其中，紧急状态按照严重程度又分为3个级别，其触发条件及应对措施见表1-1。

表1-1 紧急状态触发条件及应对措施

紧急状态级别	触发条件	应对措施
一级	已存在或预测到备用容量不足	需要密切关注设备运行及系统备用情况
二级	ISO已采取措施但仍不能满足电力供需平衡	需要ISO主动干预市场以调节供需平衡，如发布机组并网指令
三级	ISO无法满足最低应备用容量要求	执行切负荷指令

2020年加州供电形势较为严峻，截至2020年9月9日，CAISO共发布警报7次、警告7次、二级紧急状态6次、三级紧急状态2次（分别发布于8月14日和8月15日）。

2. 加州电力市场

2000/2001年加州电力危机后，加州电力市场被重新设计。新的系统由集成前期市场（Integrated Forward Market，IFM）、完全网络模型（Full Network Model，FNM）以及位置边际电价（Locational Marginal Price，LMP）或节点电价（Nodal Price）三大要素组成，从根本上弥补了原先市场设计和实施的缺陷。

新系统为CAISO的市场操作人员提供了一个强有力的工具，在实时运行之前能识别电网中的薄弱环节和运行时的瓶颈，允许市场操作人员在几小时之前就能考虑适当的发电计划选项，从而满足加州电力用户的用电需要。同时，新系统还重新开放了自2001年CALPX破产后所关闭的前期能量市场。新的市场设计也会考虑在能源危机中所签订的长期电供合同，在实际电能通过系统传输之前查明任何合同交割时可能发生的问题。

事故演化过程

美国加州2020年"8·14"轮流停电事故时间线见表1-2。

表1-2　美国加州2020年"8·14"轮流停电事故时间线

日期	事件	最高气温	天气	风速
2020年8月11日	正常	36℃	晴	3级
2020年8月12日	正常	36℃	晴	2级
2020年8月13日	首次弹性警报，呼吁2020年8月14日节电	36℃	部分晴	2级
2020年8月14日	进入三级紧急状态并首次轮流停电	39℃	部分晴	2级
2020年8月15日	轮流停电，一座470MW燃气发电厂故障	40℃	部分多云	2级
2020年8月16日	弹性警报，呼吁2020年8月16日至19日节电	41℃	部分多云	2级
2020年8月17日	需求低于预期，计划中的轮流停电取消	40℃	部分多云	2级
2020年8月18日	需求低于预期，计划中的轮流停电取消	40℃	部分多云	2级
⋮	⋮	⋮	⋮	⋮
2020年9月3日	呼吁2020年9月5—7日节电	37℃	晴	2级
2020年9月4日	正常	40℃	晴	2级
2020年9月5日	因山火关停了1600MW的机组，但居民自愿节电避免了停电	40℃	晴	2级
2020年9月6日	900MW输电线和260MW机组相继故障，但居民自愿节电避免了停电	41℃	晴	2级
2020年9月7日	因为山火，停电17.2万户	41℃	晴	3级
2020年9月8日	弹性警报，但未停电	37℃	晴	3级

从2020年8月11—14日，加州气温不断攀升，风速逐渐减缓，居民用电骤增。8月14日，加州自2002年以来首次发生大规模轮流停电事故。随着高温天气得以缓解，电网供电压力下降。但2020年9月3—5日，气温再次升高，伴随着山火的发生，加州再次进入电力紧急状态。

（一）事故发生前

- **8月13日** 因台风埃莉达把云层带到加州，加州太阳能发电出力减少。同时，天气预报预测未来几日气温将从36℃上升至40℃左右，CAISO认为电力需求会因更多空调投入运行而增加。因此，CAISO发布了该年度首次弹性警报，呼吁用户于8月14日15:00—22:00自愿节电，来缓解电力需求的上升。

- **8月14日** 加州各地最高气温的平均值从36℃升高至39℃，居民空调用电进一步增加。当日电力需求峰值较8月13日增加了4507MW。

（二）事故发生后

- **8月14日11:51** CAISO发布警告，通知17:00—21:00可能出现备用容量不足情况，需要额外的辅助服务和能量竞标，告知电力公司后续将启动紧急需求侧响应，同时联系周边平衡监管区（Balancing Authorities，BA）寻求潜在的紧急支援。14:57，加州布莱斯能源中心（Blythe Energy Center）一台容量为494MW的燃气机组因故障跳闸，跳闸时机组出力为475MW，事后CAISO启动了可替代的事故备用，同时经CAISO与周边BA联络协调，加州—俄勒冈州联络线（California Oregon Intertie，COI）计划于18:00—23:59增加输电功率189MW。15:25，CAISO预测未来几个小时将出现电力短缺，难以维持WECC规定的备用容量要求，宣布进入二级紧急状态。CAISO通知PG&E等3家电力公司分配500MW负荷作为非旋转事故备用。17:00，CAISO调用约800MW需求侧响应资源以维持电力供需平衡。18:30，所有的需求侧响应资源已经调度完毕，但情况并未好转。CAISO再次联系PG&E等3家电力公司准备额外的500MW负荷作为非旋转事故备用（共计需求1000MW）。18:38，随着傍晚光伏出力下降，系统无法满足负荷需求和备用容量要求，CAISO宣布进入三级紧急状态，切除500MW负荷。10min后，再次切除500MW负荷。19:40，随着负荷降低，发电侧资源可满足负荷需求和备用要求，CAISO命令恢复所有的负荷。20:38，CAISO将三级紧急状态调整为二级紧急状态。21:00，二级紧急状态取消。23:59，警告失效。

- **8月15日12:26** CAISO发布警告，通知17:00—21:00可能出现备用容量不足情况，需要额外的辅助服务和能量竞标，并呼吁用户节约用电。14:00—15:00，受暴风云影响，光伏出力下降超过1900MW，而负荷仍持续上升,导致备用容量迅速下降,不满足最低容量要求。15:00左右,CAISO通过实时市场立即调用约891MW需求侧响应资源以维持电力供需平衡。17:12—18:12,风电出力下降1200MW,区域控制偏差(Area Control Error,ACE)最大达到-1421MW。CAISO通知PG&E等3家电力公司分配约500MW负荷作为非旋转事故备用。18:13,在区域控制偏差恢复过程中,调度员对电厂的错误指令导致帕诺奇能源中心(Panoche Energy Center)一台燃气机组出力由394MW迅速降低至146MW,损失出力248MW。18:16,由于难以维持WECC规定的备用容量要求,CAISO宣布进入二级紧急状态。CAISO再次联系PG&E等3家电力公司准备额外的负荷作为非旋转事故备用,需求共计1000MW。18:28,由于备用容量不满足要求,CAISO宣布进入三级紧急状态,切除约500MW负荷。18:48,风电出力逐步恢复,负荷水平也开始下降,CAISO命令恢复所有负荷,将三级紧急状态调整为二级。20:00,CAISO取消二级紧急状态。23:59,警告失效。

- **8月16日** 41℃的高温再一次给电力供给带来了压力,CAISO再次发布弹性警报,呼吁用户于8月16—19日自发节电,并提醒用户做好在傍晚时分被轮流停电的准备。用户积极响应节电呼吁,当天未发生轮流停电。

- **8月17日** CAISO宣布电网进入二级紧急状态,并计划当日17:00—18:00实行轮流停电。但由于加州居民积极响应CAISO节电呼吁,15:00—16:00加州电网负荷较预计减少了900MW,电网压力减轻,预计中的轮流停电并没有实施。19:30,二级紧急状态解除。

- **8月18日** CAISO宣布电网进入二级紧急状态,并计划实施轮流停电。但当日的实际需求峰值为47697MW,低于日前负荷预测峰值(50845MW)。CAISO认为负荷降低的原因是云层遮盖减少了空调的使用和用户对于节电呼吁的积极响应。最终,CAISO并未实行轮流停电,且二级紧急状态于当日19:37解除。

- **9月5日** 40℃的高温使CAISO当日最高电力需求达到45956MW。此外,山火导致1600MW的发电机组被迫关停,预计9月13日方可恢复。这些机组的退出,加大了加州电力供给的压力,CAISO宣布电网进入二级紧急状态并建议居民用户在15:00—22:00节电。在用户的积极响应下,9月5日没有发生轮流停电。

- **9月6日** 俄勒冈州至加州的一条电力联络线因高温发生故障,损失了900MW输电能力。同时,加州总计260MW的发电机组非计划停运。因此,CAISO宣布电网在17:55进入二级紧急状态。由于用户积极响应节电呼吁,实际需求比日前预测需求减少了2305MW,没有发生轮流停电。

- **9月7日** 克里克山火已经烧毁了近320km²土地。供电公司PG&E表示,为避免引发更危险的火灾,将停止一部分地区的电能供应。19:00,萨拉利昂山麓和北湾等地区的22个县断电，这次停电影响了17.2万用户。同时，41℃的高温给电力供应带来了巨大挑战，加州在15：00—22：00发出弹性警报。

● **9月8日** 最高气温回降至37℃。CAISO在15：00—22：00发布弹性警报。在用户积极响应下，实际需求峰值比日前预测需求峰值减少了7199MW，没有发生轮流停电。

⊘ 事故原因分析

加州"8·14""8·15"停电事件中，引发CAISO实施轮流停电的直接原因是系统供需不平衡，运行备用容量不满足相关要求。CAISO对系统运行备用容量的要求遵循NERC标准BAL-002-3和WECC标准BAL-002-WECC-2a，标准要求同时满足：①总备用容量大于最大单机容量；②总备用容量大于总负荷的3%与总发电功率的3%之和；③旋转备用容量占总备用容量的一半以上。因此，这个最小的备用容量大约是负荷的6%。用于维持该要求的运行备用主要包括机组旋转备用，以及可在10min内启动的机组和可切负荷等非旋转备用。图1-2所示为2020年8月14日加州电力系统运行备用曲线，可以看到，14:57燃机跳闸不久，系统运行备用降低到6%以下，CAISO宣布进入二级紧急状态；到18:38，系统运行备用再次降低到6%以下，CAISO宣布进入三级紧急状态，并采取了切负荷措施。

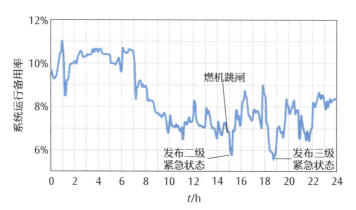

图1-2 2020年8月14日加州电力系统运行备用曲线

初步分析，导致加州系统供需不平衡的主要原因如下。

（一）罕见高温引起负荷增长

电力负荷对气温变化通常较为灵敏。2020年，加州地区经历极端炎热的8月，据报道加州死亡谷最高温度达54℃，这可能是美国有记录以来8月最高气温。经统计，加州地区月气温平均值22℃、日最高气温平均值33℃，8月气温平均值24℃、日最高气温平均值39℃。据加州能源委员会（California Energy Commission，CEC）分析，8月份的热浪是35年一遇的极端天气事件。

随着入夏后气温逐渐上升，8月加州地区日负荷峰值的平均值比7月高3197MW，加州地区2020年7、8月日负荷峰值曲线对比如图1-3所示，其中8月14日负荷峰值首次突破45000MW，当天负荷峰值高达46777MW，比2019年夏季负荷峰值（出现在2019年8月15日）高2629MW，超出CAISO在2020年年初对夏季峰荷预测的中位值870MW，负荷需求增幅明显。

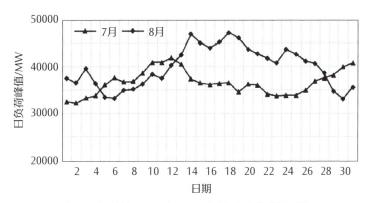

图1-3 加州地区2020年7、8月日负荷峰值曲线对比

（二）应对新能源波动的灵活调节能力不足

近年来，加州地区光伏等新能源快速发展，装机容量和占比不断提升。考虑到负荷和新能源出力均具有波动性，一般用净负荷（net demand，即负荷减去新能源出力）来表征对常规电源的电力供应需求。在中午时段，由于负荷较低且光伏大发，净负荷曲线出现明显的"凹坑"；而在傍晚时段，由于负荷增长但光伏出力骤降，净负荷曲线出现明显的"尖峰"，呈现出"鸭型曲线"的特征。

2020年8月14日加州地区新能源出力曲线和净负荷曲线分别如图1-4和图1-5所示。可以看到，由于傍晚太阳落山导致光伏出力骤降，加州地区光伏出

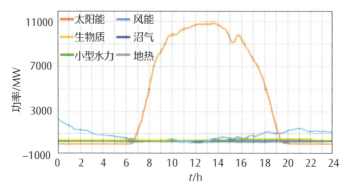

图1-4　2020年8月14日加州地区新能源出力曲线

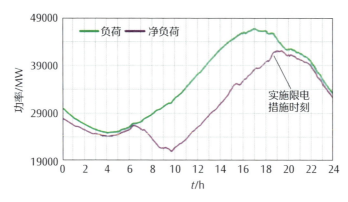

图1-5　2020年8月14日加州地区净负荷曲线

力从10867MW（13:30）大幅降至1766MW（18:55）；同时由于午后持续高温负荷不断增加，加州地区"鸭型曲线"净负荷从29783MW（13:30）迅速攀升至42240MW（18:55），这意味着CAISO需要在约5h内调出12457MW常规电源容量，以满足加州地区电力供需平衡。而CAISO实施切除1000MW负荷的措施，就发生在系统净负荷峰值时刻附近。可以看到，加州地区新能源并网带来的波动性问题使得供需矛盾突出，是引发停电事件的重要原因。

为了响应加州SB 100清洁能源法案要求，加州太平洋沿岸的一些海水冷却型燃气电厂将在未来3年内逐步关停。2017年以来，加州关停了5000MW燃气机组，但规划建设的3000MW电池储能设施却尚未投运。在目前夏季高温时节的下午至夜间，光伏发电出力逐渐降低，燃气机组成为保障加州电力供需平衡的主力电源。8月14日18:38停电前，加州总负荷45857MW；参与日前市场的燃气机组容量约27000MW，因计划检修、故障停运、燃料供应、高温受阻、预留备用等原因，实际出力25532MW；受8月份来水减影响，水电出力仅为

5069MW；傍晚光伏出力严重受限仅为3460MW；风电出力1050MW；其他机组出力4316MW。燃机出力约占总负荷的56%。由于大量燃机退出运行，而配套的储能设施滞后，削弱了系统灵活调节能力。"雪上加霜"的是，8月14日事件中，一台燃机因故障跳闸；8月15日事件中，另一台燃机因错误的调度指令而降低出力，使得灵活调节资源进一步减少，加剧了加州在"迎峰度夏"时的缺电问题。

（三）区域间电力协调互济能力不足

加州电网接入美国西部电网，CAISO电力平衡监管区为加州地区80%的负荷和内华达州小部分地区负荷供电。CAISO与周边BA实现电力交换，如图1所示。8月14日，CAISO系统从周边BA系统净受入电力曲线如图1-6所示。

在18:30停电前，加州系统的净受入电力为6920MW，仅占当时系统总负荷的15%，是2019年CAISO系统最大净受入电力11666MW（出现在非日峰荷时段）的59%。可见，尽管CAISO在当天已向周边BA寻求紧急支援，但由于区域间电力协调互济能力不足，难以得到周边BA的充足电力支援，无法及时缓解缺电局面。分析原因，主要如下。

（1）加州用电高峰时段也是周边地区的用电高峰时段。当季节性高温使得CAISO系统电力负荷增长的同时，周边的BA也同样受到高温影响导致用电负荷处于较高水平。CAISO发布的*2020 Summer Loads and Resources Assessment*（2020夏季负荷及资源评估）报告统计了2017—2019年夏季CAISO系统41000MW以上日峰荷对应的净受入电力情况，拟合了两者关系曲线，如图1-7中实线所示。这表明，从历史运行趋势来看，随着CAISO系统日峰荷的增大，从周边

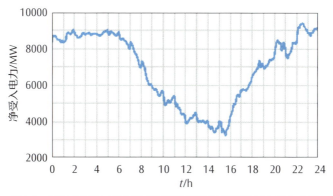

图1-6　2020年8月14日CAISO系统从周边BA系统净受入电力曲线

BA净受入的电力呈下降趋势。当CAISO系统的负荷到达其峰值时，由周边BA支援的电力通常也减少。

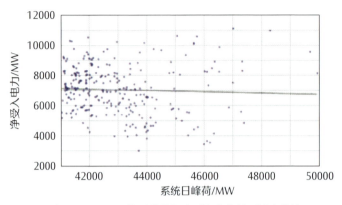

图1-7　CAISO系统日峰荷与净受入电力关系拟合曲线

（2）存在输电线路能力受限的情况。由于8月天气原因，CAISO运营范围内位于西北太平洋上游（Pacific Northwest upstream）的一条主要输电线路强迫停运，从而使得COI联络线降额运行，造成传输容量降低约650MW，并引发COI联络线和内华达—俄勒冈边境联络线（Nevada-Oregon Border，NOB）传输功率阻塞，最终导致加州系统总受入电力能力下降。

（四）山火频发导致调度更为谨慎

加州地处美国西海岸，濒临太平洋，夏季气候干燥、风力强劲，属于山火频发地区。根据CEC公开发布的统计分析，2001—2016年期间，山火造成加州地区相关电力公司经济损失高达7亿美元，加州北部地区的山火风险水平呈上升趋势。2020年8月期间，加州地区历经了史上第二大山火灾害，覆盖范围达数10万英亩，山火主要集中在美国西部的加州地区。

由于山火覆盖面积广、历经时间长、影响范围大，容易引发架空输电线路群发性跳闸，且永久性故障居多；同时容易导致不同程度的负荷损失，严重时导致厂站全停甚至系统解列。因此，2020年8月严重山火威胁到输电线路正常运行，为降低大规模停电的风险，调度人员可能选择了较为保守谨慎的切负荷措施，以保障电网安全运行。

（五）部分市场行为加剧供需紧张

CAISO负责加州电力日前市场（Day-Ahead Market）和实时市场（Real-Time Market）的运营，日前市场进一步分为综合前期市场（Integrated Forward Market，IFM）和余额容量市场（Residual Unit Commitment，RUC）。CAISO通过IFM确定次日系统运行方式和调度计划，如果IFM出清的发电量不能满足CAISO所预测的负荷，CAISO则在RUC购买额外的在线容量。由于代理负荷供应实体（Load Serving Entity，LSE）的计划协调员（scheduling coordinator）对负荷需求预计不足，日前市场上的报价负荷低于CAISO的负荷预测和实际负荷水平。8月14日和15日报价负荷与实际负荷的峰值偏差分别达到3386MW和3434MW，由此导致调度计划安排不足，难以应对实时市场上的负荷增长。8月14日和15日的实际负荷、CAISO预测负荷与报价负荷对比如图1-8所示。

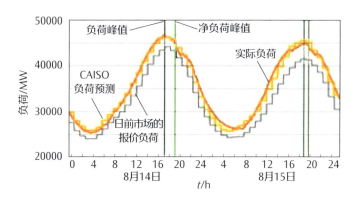

图1-8　实际负荷、CAISO预测负荷与报价负荷对比

此外，由于市场设计缺陷，在电力供应紧张的情况下，加州日前市场的集中竞价（convergence bidding）机制和RUC市场行为反而释放出支持更多外送电力的信号，进一步加剧了市场供需紧张的局面。

思考与启示

（一）电力系统应适度超前发展，为经济社会提供有力保障

为了满足负荷增长需求，与社会和经济发展增速相匹配，应保证电源、电网建设适度超前发展，同时应加强电源和电网的协调发展，避免因电力供应不

足或电网输送能力不足而导致缺电、限电事件发生，造成经济损失和民众生活不便。要从落实"四个革命、一个合作"能源安全新战略的高度，立足当前、着眼长远，做好能源电力"十四五"和中长期规划工作，以电力高质量发展，为经济社会发展和民生改善提供有力保障。

（二）构建合理电源结构，提升新能源接纳能力

新能源出力波动大、随机性强，对系统灵活调节能力提出了更高要求。按照我国《能源生产和消费革命战略（2016—2030）》测算，预计到2035、2050年，我国风电、太阳能发电装机容量占比将分别达到38.3%、52.4%。但目前，我国灵活性电源占比仍较低，2019年底包括抽水蓄能、燃气机组在内的灵活调节电源装机仅占总电源装机比重的6%。未来高比例新能源接入将对电网灵活调节能力提出极高的要求，因此需要在评估电力系统安全性及新能源接入承载力的基础上，合理优化电源结构，建设必要规模的常规电源，配置足够的灵活性调节电源，提升新能源消纳能力，推动实现能源绿色低碳转型。

（三）强化运行备用管理，保障系统安全裕度

认真落实新版《电力系统安全稳定导则》（GB 38755—2019）和《电力系统技术导则》（GB/T 38969—2020）等标准和管理规定中关于系统备用容量的要求。在充分考虑地区天气变化的基础上，进一步提高新能源出力预测和负荷预测的精度，统筹考虑新能源出力不确定、负荷特性、机组爬坡性能、跨区跨省支援能力等因素，合理安排机组检修、开机方式，科学制定发电计划，在满足电力供需平衡的同时，充分保障系统安全运行裕度。

（四）深化需求侧管理，提升系统平衡能力

欧美国家将负荷侧需求响应作为提升电力系统可靠性和经济性的重要手段。在此次事件中，当电力供应不足时，CAISO发布警告呼吁用户通过错峰用电、调高空调温度等措施节约用电；进入二级紧急状态后，则启动了需求侧响应以缓解供需矛盾。随着新能源占比持续攀升，传统调节资源的调度空间越来越小，而与此同时，我国电网具有电动汽车、分布式储能、智能楼宇空调、电采暖、工业园区等大量具备调节潜力的负荷资源。应进一步深化需求侧管理，大力发展需求侧响应技术，创新市场机制和商业模式，完善支持政策，提升电力系统平衡能力。

（五）加大储能发展力度，提升系统灵活调节能力

此次加州停电事件均发生在光伏发电出力逐渐降低的晚高峰。对于昼夜出力变化较为规律的太阳能发电，在系统灵活性电源不足的情况下，储能是较为有效的应对措施，但加州却在灵活性电源（燃气机组）退出后，没有及时配套建设储能设施，使得系统灵活调节能力不足。加州停电事件初步分析报告已提出，要在2021年前新建2100MW的储能设施。由于储能可以在电力系统中发挥调峰、调频等重要作用，应加大储能发展力度，积极探索储能应用于新能源消纳等场景的技术模式和商业模式，加快制定储能相关技术标准，综合考虑不同类型储能的技术成熟度和经济性，统筹储能规划、建设及运行，支撑提升新能源利用率和系统安全运行水平。

（六）高度重视电力系统安全，推动电力市场健康发展

美国电力市场发展较为成熟，比较强调电力的商品属性。我国电力系统坚持统一调度、统一管理的体制机制，为大电网安全运行提供了重要保障，近20年来还没有发生过全网性大停电事故。当前，我国电力市场化改革正稳步推进，在电力市场建设和能源转型过程中，应高度重视电力系统安全，加强市场化改革中的风险研究，推动电力市场健康发展。

（七）防范严重自然灾害风险，提升重大突发事件应对能力

近年来，在全球变暖的大背景下，世界范围内因极端天气导致的自然灾害频发。此次停电事件发生期间，加州山火持续蔓延，对电网安全造成严重威胁。我国是世界上自然灾害最严重的国家之一，台风、暴雨、冰灾、洪水、地震、山火等自然灾害，具有突发性强、灾害源复杂、影响范围广、次生灾害多等特点，对电力基础设施造成大面积区域性破坏，严重威胁电力系统安全稳定运行。应从开展差异化规划设计、灾害监测预警、加强设备运维、优化运行方式、灾后应急处置等方面综合施策、协同应对，最大程度降低自然灾害对电网的冲击和影响，提高电网快速恢复水平，不断提升我国电力系统应对各类重大突发事件的能力。

案例2

英国"8·9"大停电事故

事故概况

当地时间2019年8月9日星期五17:00左右，英国发生大规模停电事故，造成英格兰与威尔士部分地区停电，损失负荷约3.2%，约有100万人受到停电影响。停电发生后，英国包括伦敦在内的部分重要城市出现地铁与城际火车停运、道路交通信号中断等，市民被困在铁路或者地铁中，居民正常生活受到影响；部分医院由于备用电源不足无法进行医事服务。停电发生约1.5h后，英国国家电网宣布电力基本得到恢复。这是自2003年"伦敦大停电"以来，英国发生的规模最大、影响人口最多的停电事故。

英国电力系统概况

英国位于欧洲大陆西北端，是一个由大不列颠岛（包括英格兰、威尔士和苏格兰三部分）及爱尔兰岛东北部的北爱尔兰组成的岛国，国土面积24.41万km²，人口约6100万。英国是世界上最早开始工业化的国家之一，也是电力工业的发源地，英国的电网分为三大部分，即英格兰和威尔士电网、苏格兰电网，以及北爱尔兰电网，其中英格兰和威尔士电网是英国最大的电网，年用电量约占全国用电量的90%，因此，通常所说的英国电网就是指英格兰和威尔士电网，该电网由英国国家电网（National Grid Group，NGC）运营输电部分。电网的配电部分由多个完全私有化的独立公司负责。

（一）电源概况

截至2019年底，英国电力系统的总装机容量为103.102GW。近年来，在欧洲经济危机的背景下，随着节能减排政策的推行，英国的电力需求逐年下降，2010—2017年期间，英国的用电需求下降了9%。NGC装机容量情况如图1-9所示。

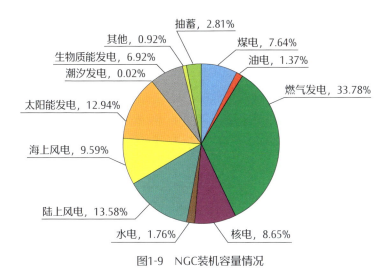

图1-9 NGC装机容量情况

可以看到，NGC自身的能源结构较为合理，核电占12%、循环燃气发电占38%，煤电占33%，三者之和达到了总装机的八成以上。此外，由于NGC的管辖范围是英国主要的负荷中心，用电需求较大，仅靠自身装机难以满足，所以还需周边各互联电网输入电力，但所占比例并不高，仅有4%左右，对整个电网的正常运行影响较小。

1996—2017年间，英国电网各类电源装机比例变化趋势如图1-10所示。近年来，风力发电与太阳能发电在英国电力结构中呈现出快速攀升态势，而燃煤发电比例逐年下降。

图1-10 1996—2017年英国电网各类电源装机比例变化趋势

（二）网架概况

英国电力系统网架结构示意如图1-11所示。其中，苏格兰系统与英格兰—威尔士系统通过交流互联，构成交流同步电网；北爱尔兰系统与英格兰—威尔士系统通过直流异步联网。英格兰—威尔士系统通过4回直流与法国、荷兰、爱尔兰、比利时互联。

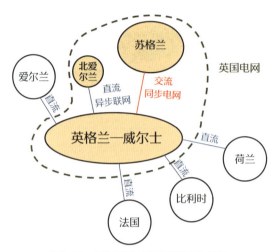

图1-11　英国电力系统网架结构示意

（三）本次大停电相关设施及措施

本次大停电主要与小巴福德（Little Barford）燃气电站、霍恩（Hornsea）海上风电场、频率响应措施、低频减载有关。

1. 小巴福德燃气电站

小巴福德燃气电站是一个联合循环燃气轮机发电站，位于剑桥郡/贝德福德郡边界的圣奈特南部，归德国RWE公司所有。小巴福德燃气电站有2台燃气轮机（2×241MW）和1台蒸汽轮机（256MW），构成燃气联合循环机组，总装机容量约740MVA，于1996年开始运营，其电力可足以满足50多万户家庭的用电需求。该电厂通过400kV交流线路接入伊顿索康（Eaton Socon）变电站。在联合发电厂中，燃气轮机和蒸汽轮机一般不独立运行。

2. 霍恩海上风电场

霍恩海上风电场位于英国北海，距离海岸约120km。目前仍在建设中，计划分4期进行建设。该风电场总装机容量计划约为6000MW，其中一期规划容量1200MW，二、三、四期规划容量依次为1400、1000～2000、1000MW，建成后将成为世界上最大的海上风电场。

霍恩海上风电场一期工程的风机总数量为174台，每台7MW，采用直驱风机。该风电场于2018年1月开始建设，部分机组已于2019年2月开始向英国国家电网供电。霍恩风电场通过400kV交流电缆接入北基林霍姆（North Killingholme）变电站。事故发生时霍恩风电场的装机容量为800MW。

3．频率响应措施

英国电网调度在系统中部署了一定的频率响应措施（frequency response products）以应对电网故障。频率响应措施一般由自动调节的发电机、外部联网通道的功率调节、电池储能和负荷频率响应等构成。该频率响应措施可类比为我国电力系统的一次调频与二次调频。英国电网的一次调频要求在频率开始变化后的10s内启动以降低频率偏差，并能持续20s；二次调频要求在30s内启动，并能持续30min。

事故发生前，英国电网允许电网最大扰动量为1000MW，相应电网部署的频率响应措施容量也为1000MW。英国电网对频率波动要求为：①稳态频率在49.5～50.5Hz之内；②暂态频率超出上述范围，需在60s内恢复到49.5～50.5Hz。

4．低频减载措施

英国电网在英格兰与威尔士地区配置的低频减载装置共有9轮，其中第一轮的启动阈值为48.8Hz，切负荷量为5%。最后一轮的启动阈值是47.8Hz。

🔲 事故演化过程

（一）事故发生前

事故发生前，交流同步电网的总负荷约29000MW，与前周五负荷水平（28900MW）基本相同。接入电网的发电机总容量约为32130MW，其中30%为风电，52%为传统机组（30%燃气发电，22%核电），9%的电力通过互联通道从外部（法、荷、比等）进口，剩余约9%为生物质发电、水电及煤电。英国电网的开机容量见表1-3。

表1-3　英国电网的开机容量

发电机组	容量/MVA	占比（%）
燃气机组	9639	30
核电机组	7968	22
风电	9639	30
外部联网通道（HVDC）	2892	9
其他(生物质、水电、煤电）	2892	9
总开机	32130	100

小巴福德燃气电站出力641MW，占总负荷2.2%。霍恩海上风电场出力799MW（吸收0.4Mvar无功），占总负荷2.75%。事故发生时系统惯量为210GVA·s。

事故发生前，英国气象局发布了英格兰西南部和南威尔士地区的黄色大风预警，以及英格兰和威尔士全境的黄色暴雨预警。除了英格兰西南部以外，全英境内均有雷击风险。事故报告指出，这样的天气状况并不罕见。

（二）事故发生后

雷击发生后，事故过程的事件时序与频率变化如图1-12所示。

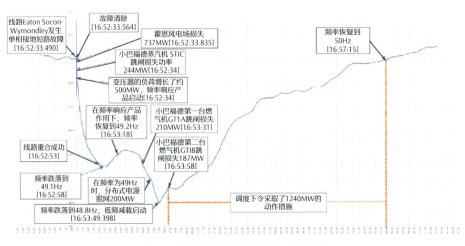

图1-12　事故过程的事件时序与频率变化

各个关键时间节点及其事件描述如下。

• **当日16:52:33.490** 雷击导致线路短路并跳闸。因出现雷击，线路Eaton Socon-Wymondley发生单相接地短路故障。故障位置距离Wymondley变电站约4.5km。故障期间，故障相的电压降约为50%。故障发生后，线路保护正确动作70ms后（16:52:33.560），Wymondley侧跳闸；74ms后（16:52:33.564），Eaton Socon侧跳闸，故障被清除。事故期间的电压曲线如图1-13所示。

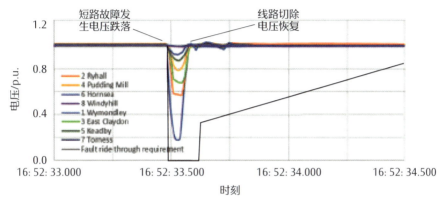

图1-13 事故期间的电压曲线

可以看到，各节点电压在故障清除后的100ms内均恢复正常。整个过程中，所有电压均位于低电压穿越曲线之上。

在雷击发生后，分布式电源的失去主电源保护（loss of main protection）系统中检测到相移超过6°，移相保护（vector shift protection）启动，导致分布式电源脱网150MW，占总负荷0.5%。这是本次事故中，分布式电源第一次脱网。

• **16:52:33.728—16:52:33.835** 霍恩海上风电场出力意外下降。在线路单相短路接地故障发生后238ms（16:52:33.728），霍恩风电场出力开始下降；在之后107ms内（16:52:33.835），风电出力从799MW（吸收0.4Mvar无功）大幅降低为62MW（输出21Mvar无功）。系统累计损失有功功率887MW，约占总负荷的3%。在此过程中，霍恩风电场无功、电压出现振荡现象，其中风场400kV系统初始电压为403kV，振荡过程中跌落到最低值约为371kV，跌落幅度32kV，相当于额定电压的8%。霍恩1B及1C风场35kV系统的初始电压约为34kV，振荡过程中跌落最低点约为20kV，跌落幅度14kV，相当于额定电压的40%。电压、无功的持续振荡期间，霍恩1B、1C风场机组因过电流全部脱网，霍恩1A风场保留出力62MW，其余全部脱网。霍恩风电场的事故曲线如图1-14所示。

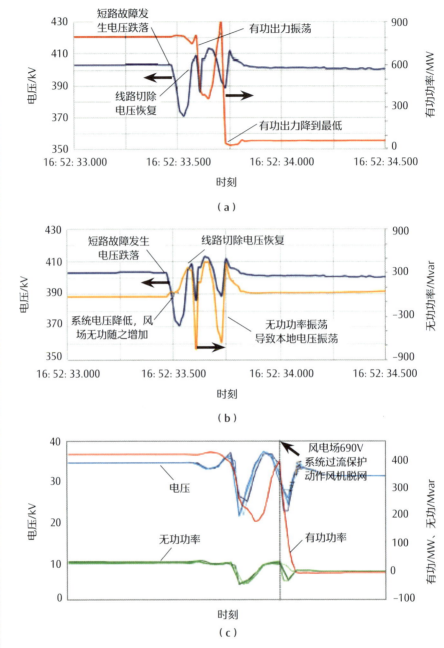

图1-14　霍恩风电场的事故曲线
（a）电压和有功曲线；（b）电压和无功曲线；（c）1B单元脱网时曲线

- **16:52:34** 小巴福德电站蒸汽机意外停机，分布式电源脱网规模扩大，频率响应措施启动。位于Eaton Socon侧的小巴福德蒸汽机ST1C意外跳闸，原因是3个转速量测信号不一致，损失功率244MW。英方报告认为小巴福德电站停机与霍恩风电场脱网彼此独立，但都与雷击有关。由于相移保护而脱网的分布式电源、霍恩风电场、小巴福德蒸汽机ST1C三者叠加导致系统累计损失功率1131MW，约占总负荷3.9%，频率大幅下降。根据英国电网的惯量（H=210GVA·s）计算出频率变化率为

$$\frac{\mathrm{d}f}{\mathrm{d}t} = \frac{\Delta P f_0}{2H} = 0.135\mathrm{Hz/s}$$

  分布式电源的频率变化率保护（rate of change of frequency protection）的启动阈值是0.125Hz/s。此时，由于系统频率变化率大于保护启动阈值，因此又有约350MW分布式电源脱网。这是本次事故中分布式电源第二次脱网。至此，系统损失功率累计达到1481MW，约占总负荷的5%。与此同时，频率响应措施启动。

- **16:52:44** 在11s内，频率响应措施增加了至少650MW出力以稳定频率。

- **16:52:53** 线路重合成功。故障发生后约20s，线路Eaton Socon-Wymondley重合成功。

- **16:52:58—16:53:18时** 频率回升。由于频率响应措施发挥作用，系统频率在到达49.1Hz。16:52:58停止了下跌，开始回升；到16:53:04为止，频率响应措施已累计增加出力900MW。16:53:18，系统频率恢复到49.2Hz。

- **16:53:31** 小巴福德电站一台燃气机停机。在蒸汽机停机后的57s，小巴福德燃气电站的一台燃气轮机GT1A因蒸汽压力过大而停机，这属于发电机保护的正确动作，损失功率210MW，系统损失功率累计达到1691MW，约占总负荷5.8%。而此时所有的频率响应措施都已启动完毕，系统频率再次下降。

- **16:53:49.398** 低频减载启动。系统频率下降到48.8Hz，低频减载正确动作，切除约931MW负荷，占总负荷约3.2%，诸多地区出现停电，频率开始恢复。

- **16:53:58** 小巴福德电站另一台燃气机停机。在蒸汽机停机后的84s，小巴福德燃气电站的另一台燃气轮机GT1B因蒸汽压力过大而被工作人员手动关停，损失功率187MW。这一功率损失被低频减载及其他由控制中心调度的额外电源出力所抵消。系统损失功率累计达到1878MW，约占总负荷6.5%。

（三）恢复供电

1. 16:57:15，频率恢复

在控制中心进一步采取了1240MW的动作措施之后，系统频率恢复到50Hz。

2. 17:06—17:37，负荷恢复

控制中心于17:06通知各配网运营商开始恢复负荷；约30min后，所有负荷得到恢复。

3. 故障过程关键事件

故障过程中的关键事件见表1-4。

表1-4　故障过程关键事件

序号	时间	事件	后果
1	16:52:33.490	雷击导致线路短路并跳闸	分布式电源脱网150MW占总负荷0.5%
2	16:52:33.728—16:52:33.835	霍恩风电场出力下降	风场损失出力737MW，累计损失887MW，约占总负荷3%
3	16:52:34	小巴福德蒸汽机STIC意外跳闸	小巴福德蒸汽机损失功率244MW，分布式电源脱网350MW，累计损失功率1481MW，约占总负荷5%
4	16:52:58—16:53:18	频率停止下跌并回升	频率在49.1Hz停止下跌，频率响应累计出力900MW频率恢复至49.2Hz
5	16:53:31	小巴福德电站一台燃气机GTIA停机	损失功率210MW，损失功率累计达到1691MW，约占总负荷5.8%
6	16:53:58	小巴福德电站另一台燃气机GTIB停机	损失功率187MW，累计达到1878MW，约占总负荷6.5%

⊘ 事故原因分析

（一）直接原因

因雷击引起线路停运，及后续诱发的一系列故障是本次停电事故的直接原因。按照英国电网安全标准（system quality and security standards），英国电网在事发时拥有1000MW的频率调节能力。系统频率调节能力足以应对霍恩风电

场脱网、小巴福德电站停机、分布式电源脱网的当中任意一个单独事件。雷击造成线路停运以及分布式电源脱网并没有超出预想，但霍恩风电场意外脱网及小巴福德电站蒸汽机ST1C/燃气机GT1A的意外停机，导致累计功率缺额达到1691MW，超过了电网的频率调节能力，最终造成频率下降到48.8Hz，触发了低频减载动作。

（二）主要原因

在本次事故中，海上风电场、燃气电站、分布式电源叠加脱网，致使损失的电源功率累计超出了英国电网的设防标准是本次停电事故的主要原因，暴露出以下问题。

1．海上风电场涉网技术特性不足

由于遭受雷击以及雷击引起主网线路停运，海上风电场接入的电网变薄弱，风场内的无功补偿控制装备、风机等电力电子型的电源不能适应该弱电网，产生了短时的10Hz左右的次同步频段的振荡，风电场35kV系统与主网之间产生大量无功功率交换，电压最低跌落至20kV，几乎整个风电机群由于机组过流保护动作而脱网。

该现象说明，霍恩风电场内风机或动态无功补偿设备，在调节能力、抗扰动能力等涉网技术特性方面存在不足。本次停电事故发生后，霍恩风电场修改了风电场控制软件及参数。

2．分布式电源涉网保护配置不合理

在本次事故中，分布式电源设置了失去主电源保护。其中第一次因相移超过保护设定值（6°）而启动移相保护脱网150MW，间隔500ms～1s后，因系统频率变化率超过频率变化率保护定值0.125Hz/s而脱网350MW，共计损失500MW，仅次于风电场的脱网量，进一步加剧了故障严重程度。

值得注意的是，在分布式电源第一次脱网前，系统遭受了雷击仅引发了一条线路跳闸，即在$N-1$扰动下，引发了分布式电源的失去主电源保护系统启动，导致150MW电源脱网，后续由于频率变化率超过保护定值导致350MW分布式电源脱网。然而实际上分布式电源并未失去主电源或成为孤岛。

因此，如果分布式电源能够配置更加合理的保护定值，则可避免此次故障中的分布式电源脱网，从而大大减轻故障的严重程度。

3．网源协调不足，存在隐性故障

小巴福德电站的网源协调存在不足，存在隐性故障。小巴福德电站的蒸汽

机的意外跳闸原因为3个转速信号不一致，但在英国公布的事故调查报告中并未给出造成转速信号不一致的原因。

此外，在蒸汽机跳闸后，后续2台燃气机应也能保持稳定运行，但由于蒸汽压力分别自动、手动停机，并且手动停机后，促使频率跌落到48.8Hz，触发了低频减载动作，导致大停电。

从事故过程来看，暴露出该电源的网源协调能力不足，存在自身控制或涉网保护控制等方面的隐性故障。

思考与启示

本次事故前，英国电网呈现出"两高两低"的特点。其中"两高"为新能源接入比例高（风电、光伏占比约40%）；电力电子装备比例高（风电、光伏、直流合计约占50%）；"两低"为系统惯量低（同步机开机约为总开机的50%）；设备抗扰性能低（如风机、分布式电源脱网）。对于我国电网，风力、光伏、分布式电源发电比例正在持续快速上升。新能源发电已成为大多数省级电网的第一或第二大电源。此外，直流输电总功率超过250TW，单条特高压直流最大输电容量达到12TW。在上述发展形势下，我国电网也逐渐呈现出了类似英国电网的特性。本次英国大停电事故暴露出来的问题非常值得我国电网警惕，其经验教训值得我们借鉴。

（一）加强新能源管理，提升风电、光伏、分布式电源的抗扰动能力

在本次大停电中，霍恩海上风电场耐受能力不足产生连锁反应，导致风电机群连锁脱网跳闸737MW；分布式电源先后由于故障期间的相移、频率下降速率而启动保护脱网，分别损失功率150、350MW，成为本次事故中功率损失最大的两类电源。因此，需要高度重视风电、光伏、分布式电源在故障期间耐受异常电压、频率的能力，即抗扰动能力，避免在故障期间，由于此类电源的性能、参数问题导致事故严重程度进一步加剧。加强核查风电、光伏及分布式电源的控制参数以及涉网保护参数，加快性能改造和检测认证。

针对目前我国部分省级电网的分布式光伏发展快，规模较大，而相关的运行、管理相对滞后，一旦故障引发分布式光伏同时脱网，对电网影响较大。因此，需加强对分布式电源的监测，包括出力水平、涉网保护参数等关键信息；开展相关的涉网保护配置对电网动态过程及稳定性的影响研究；开展分布式电

源控制参数、保护参数的校核，防止无序脱网。

（二）加强电源等关键设备隐性故障的排查

在雷击发生后，小巴福德燃气电站中的蒸汽机露出该电源存在自身控制或涉网保护控制等方面的隐性故障。隐性故障是指系统正常运行时对系统没有影响，而当系统某些部分发生变化时，这种故障就会被触发，可能导致大面积故障的发生。隐性故障在系统正常运行时是无法发现的，而一旦扰动发生，系统在极端运行状态下就有可能会使带有隐性故障的保护系统误动作。此类故障难于排查，但却是大停电事故的关键诱因之一，给电网安全造成了极大隐患。类似故障如2011年2月4日，巴西辛戈（XING6）水电站辅助设备（冷却、调速或其他）的电源低电压保护装置整定设置不合理，没有正确切换到备用电源，使得2108MW水电机组停运，导致大停电事故。

目前世界范围内对隐性故障的相关研究很少，但这类问题很可能是事故扩大或导致大面积停电的关键因素。因此，我国应加强对隐性故障的研究和防范。

（三）提升在线监测系统惯量水平与一次调频能力

系统的惯量水平与调频能力决定了系统受扰后的频率响应的变化速率、最低频率等。由于在本次事故中引发了系统总功率缺额1691MW，超过了电网设防水平的频率调节能力，即1000MW，致使系统触发了低频减载动作（48.8Hz启动）。但本次事故中可以看出英国电网对系统调频能力具有较高的监测水平。为了确保电网在不同等级故障冲击下满足安全稳定导则对频率稳定的要求，应及时开展滚动评估系统惯量水平与调频能力，并进行在线监测与统计。

（四）加强含高比例新能源电网的稳定特性及提升调节能力的研究

新能源机组大量替代同步机，将导致系统惯量水平下降，短路容量相对下降，系统稳定特性发生恶化，削弱系统抵御故障的能力。随着未来我国新能源接入电网比例的进一步提升，应加强受扰后系统响应特性以及新能源机组参与调频、调压的研究，依据系统需求及实际条件实施新能源参与调频调压。

（五）深化对连锁故障的研究

本次事故中，因雷击引发线路停运，后续又诱发了包括分布式电源脱网，霍恩风电场脱网，燃气电站停机等一系列连锁故障，最终导致大停电事故。随着新能源、分布式电源的并网比例提升，连锁故障将不断呈现出新的特点，其成因与发展规律研究亟须考虑这些新要素的影响，并提出和制定防御连锁故障的控制措施，同时加快基于广域信息的实时监测、稳定分析和智能控制等技术的研究和推广，预防和抵御连锁故障诱发的大停电事故。

（六）加强第三道防线管理

在本次大停电事故中，当频率下降到48.8Hz时，低频减载正确启动，阻止了频率进一步下跌，遏制了事故扩大，突显出第三道防线在电网遭受极端故障时防止系统崩溃的关键作用。需严格校核低频减载、低压减载、解列装置等第三道防线的配置，保证装置能快速正确动作，确保第三道防线有效发挥作用。

第二章

网架结构薄弱及运行方式不合理

案例3
印度 "7·30" "7·31" 大停电事故

📊 事故概况

当地时间2012年7月30日和7月31日，印度连续发生了两次大面积停电事故，事故都起源于同一回400kV输电线路过负荷跳闸，进而引发连锁跳闸造成大面积停电，印度 "7·30" "7·31" 大停电事故过程演化示意如图2-1所示。

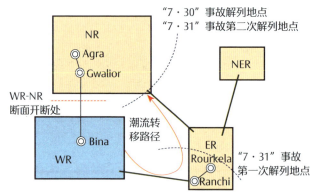

图2-1　印度 "7·30" "7·31" 大停电事故过程演化示意

7月30日的事故导致北方电网大停电，功率缺额约达36000MW，停电范围覆盖了印度北部包括首都新德里在内的9个邦，造成交通瘫痪、供水危机，约有3.7亿人受到影响；7月31日的事故导致北部电网、东部电网、东北部电网大停电，停电范围波及20个邦，减少供电负荷约48000MW，超过6.7亿人受到了影响。

印度 "7·30" "7·31" 停电事故是世界上影响人口最多的停电事故，停电范围和损失负荷量在世界大停电事故中也位列前茅。在先后相隔不到35h的2次大停电事故中，不但事故前系统工况的特征相似，初始扰动相同，而且低频减负荷、一次调频等控制均未发挥作用。相比之下，"7·31" 事故甚至比 "7·30" 事故的停电规模更大，总结其经验和教训对于我国电网的规划和运行具有借鉴作用。

（一）电源概况

1. 投资者构成和电源类型

印度电网总装机容量为202979MW（2012年3月数据），其投资构成见表 2-1，发电装机类型见表2-2。

表2-1　印度电网发电装机投资构成

投资方	容量 /MW	占比（%）
中央部门	60682.63	29.90
邦部门	86358.65	42.55
私人部门	55937.75	27.55
总计	202979.03	100

表2-2　印度电网发电装机类型

电源类型	容量 /MW	占比（%）
火电总计	134635.18	66.32
其中：煤电	114782.38	56.54
燃气	18653.05	9.18
燃油	1199.75	0.59
水电总计	39060.40	19.24
核电总计	4780.00	2.35
其他可再生能源	24503.45	12.07

2. 电网组成

印度电网由5个区域电网组成，分别是北部、西部、东部、南部和东北部电网，其装机分布示意如图2-2所示。

主网架电压等级为400kV，其余为220kV、132kV及66kV，还有少量765kV。北部、西部、东部及东北部电网组成NEW电网，各区域间互联情况如下。

（1）北部电网通过2条500kV直流输电线路、4回400kV交流输电线路和4回

图2-2　印度电网装机分布示意

220kV交流输电线路与西部电网互联。

（2）北部电网通过1回765kV交流输电线路、11回400kV交流输电线路及1回220kV交流输电线路与东部电网互联。

（3）东部电网通过2回400kV交流输电线路和2回220kV交流输电线路和东北部电网互联。

（4）南部电网通过直流输电线路与东部电网和西部电网异步互联。

（5）西部电网通过6回400kV交流输电线路和3回220kV交流输电线路和东部电网互联。

3．输电线路及变电容量

各电压等级输电线路及变电容量见表2-3。

表2-3　印度电网输电线路及变电容量

电压等级	输电线路长度 /km	变电设备容量 /MVA
765kV	3340	4500
高压直流	7452	9750
400kV	102578	133862
220kV	134190	207152
合计	247560	355264

印度与尼泊尔通过16条132kV、33kV、11kV交流线路联网，与不丹通过2条400kV、220kV直流和3条400kV、220kV、132kV交流线路联网，交换容量约1400MW（2011年初数据）。

（二）印度电网运行管理与调度机制

印度电力管理机构分为中央（包括区域）和邦两级。在输电领域，印度电网公司在中央政府相关机构的指导下负责跨区和跨邦输电线路的建设和运营，负责协调和管理有关邦之间电力发展和运营事务。各邦设有邦电力局，负责邦内输电线路的发展和运营。在发电领域，中央和邦政府共同指导国家火电公司和国家水电公司运作，负责大型发电项目的规划、建设和运营等。中央和邦属发电企业是印度发电行业的主要力量，但私营发电企业发展迅速。在配电领域，印度各邦有多个配电公司。此外，中央政府管理机构负责颁布电力行业法规，制定宏观政策和规划，协调融资等。

系统运行公司是印度电网公司的全资子公司，承担调度职能。印度电网调度机制如图2-3所示，可分为3级，即国家电力调度中心（National Load Dispatch Center，NLDC）、区域电力调度中心（Regional Load Dispatch Center，RLDC）、邦级电力调度中心（State Load Dispatch Center，SLDC）。

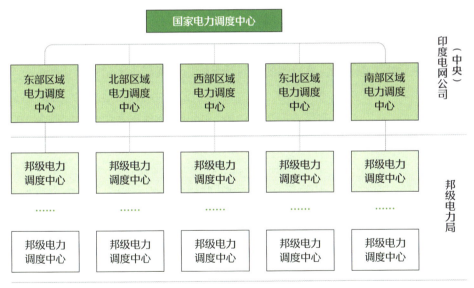

图2-3　印度电网调度机制

国家电力调度中心是确保印度全国电力系统一体化经营的最高机构，负责监督和协调各区域电力调度中心，制定区域间输电计划并调度电力，保证印度国家电网运行的安全性和经济性；区域电力调度中心在所辖区域内负责各邦之间的电力调配和电网监控；邦级电力调度中心是邦一级管理电网经营的最高机构，负责监测和控制邦内部的电力输送以及联系区域电力调度中心与邦级电力局或邦级输电公司。

国家电力调度中心和区域电力调度中心均属于印度电网公司的下属机构。在系统运行公司内部，国家电力调度中心与5大区域电力调度中心是平级的，国家电力调度中心对区域电力调度中心的管制力很弱。邦级电力调度中心则附属于邦级输电公司或邦级电力局，印度有31个邦级电力调度中心。

（三）印度电网运行技术特点

印度电网在日常运行中频率和电压波动很大，主要原因包括发电装机不足、无功补偿严重缺乏、并网发电厂通常不遵守调度协议承担调频调压职责、发电厂投资方繁杂且管理机构不明确等。以2012年6月为例，印度电网全月频率低于49.5Hz的时间占19.95%，高于50.2Hz的占1.40%，全月频率波动范围为48.79～50.68Hz。印度大部分变电站电压长期低于额定值，部分400kV站点电压甚至低于额定值50～70kV，电网中存在严重的大容量无功跨区流动现象。在负荷低谷期间，印度电压又常常高于额定电压很多。

印度电网调度模式还停留在语音电话指挥阶段，自动发电控制（Automatic Generation Control，AGC）、自动电压控制（Automatic Voltage Control，AVC）等自动控制手段普遍缺乏，负荷侧的低周减载措施配置严重不足。保护的配置和管理相对落后，保护误动、拒动较为常见。印度电网的设备运维水平也不容乐观，印度2001年大停电的重要原因之一就是400kV开关（老式空气断路器）的拒动以及2回400kV线路污闪。

印度电网调度一直将频率作为最重要的安全指标，频率控制偏差可达0.5Hz。印度电网调度机构也无法有效控制联络线潮流，因为印度电力市场规则对于电网阻塞以及联络线越限的经济惩罚几乎可以忽略不计，变相鼓励了各大区域电网超计划越极限送电。即使调度员发现了潮流越过稳定极限，其发出的各种报警也不会得到参与电力市场的电网企业以及发电企业的重视。仅在2012年，印度北部区域调度就发出了300余次电网安全警告，要求各有关方面削减负荷以降低线路潮流，但大都未得到有效回应。

同时，印度电网还有明显的交直流混联以及远距离送电特征，并存在大量高低压电磁环网。

（一）"7·30"大停电事故

1．事故发生前

事故前印度北部电网系统频率49.68Hz，NEW电网总负荷为79497MW，各区域发电、负荷及跨区功率交换情况示意如图2-4所示。

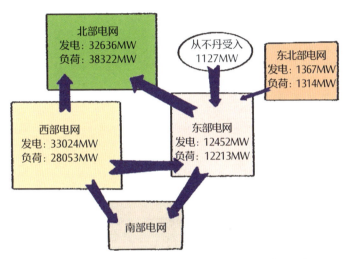

图2-4　印度各区域发电、负荷及跨区功率交换情况示意

"7·30"大停电前，因检修、故障、控制电压等因素导致北部、西部、东部、东北部电网400kV以上电压等级线路合计停运47条，其中跨区联络线6条，电网结构被严重削弱。西部与北部电网仅通过3回交流线路（400kV Agra-Bina及Zedra-Bhinmal线，220kV Gwalior-Melanpur线）联网运行。Gwalior-Bina 电磁环网解环运行。一条400kV Bina-Gwalior和Gwalior-Agra因升压改造停运。西部与北部电网通过HVDC互联运行。

2．事故发生后

- **02:32**　"7·30"大停电发生在印度时间7月30日02：32，由220kV Gwalior-Malanpur Ⅰ线跳闸触发，导致Manlanpur和Mehgaon地区负荷由北部电网转供，加重了西部与北部网间联络线潮流，400kV Gwalior-Agra 线路功率达1055MW，Bina-Gwalior线路功率达1450MW（未达到热稳限值）。

- **02:33:11**　400kV Bina-Gwalior Ⅰ线三段距离保护跳闸（属于保护误动），西部与北部电网联络线仅剩下400kV Zerda-Bhinmal一回线。2s后，220kV Bhinmal-Sanchore及Bhinmal-Dhaurimanna线跳闸。至此，北部与西部电网解网运

行，部分Bhinmal站负荷由400kV Zerda-Bhinmal线并入西部电网，西部电力通过东部电网转送北部电网，加重了东部电网内部断面潮流。

- 02：33：13　东部电网400kV Jamshedpur-Rourkela双线因三段距离保护动作跳闸。

- 02：33：15　北部电网和主网发生振荡，振荡中心位于东部与北部电网联络线上，北部电网与主网解列。事件记录显示，解列后20s内，北部和东部电网又有20余条线路相继跳闸。北部电网解列后有约5800MW的功率缺额，低频减载装置动作切除负荷量不足，导致北部电网崩溃。东部与东北部电网频率突升至50.92Hz，切除334万机组后频率维持在50.6Hz左右。

图2-5所示为印度电网"7·30"事故发展过程，该图以时间轴为线索展示了事故发展过程（对应时刻从7月30日02：33：09开始）。

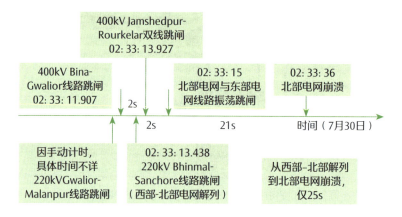

图2-5　印度电网"7·30"事故发展过程

图2-6所示为印度电网"7·30"事故过程频率变化曲线，该图展示了故障前后北部电网和西部电网的频率变化过程。可以看到，从西部电网和北部电网解列到北部电网崩溃，仅用了25s。

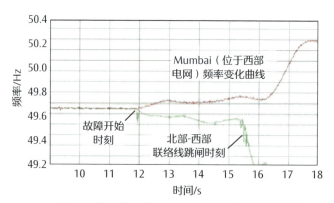

图2-6　印度电网"7·30"事故过程频率变化曲线

3．恢复供电

"7·30"事故造成印度北部电网基本全停，损失负荷35219MW，影响人口达3.7亿（占印度总人口30.6%）。印度电网"7·30"事故恢复过程如图2-7所示。

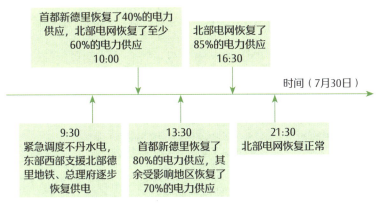

图2-7　印度电网"7·30"事故恢复过程

（二）"7·31"大停电事故

1．事故发生前

"7·31"大停电发生在印度时间2012年7月31日13：00。与"7·30"事故前方式不同的是，此时Gwalior-Bin电磁环网已恢复运行，220kV Bodod-Kota和Bodod-Morak线路恢复运行，400kV Zerda-Bhinmal线路停运。

2．事故发生后

- 12：50　北部电网Rajasthan邦的一台250MW机组跳闸，加重了西部—北部断面潮流。

- 12：58　西部电网与北部电网联络线220kV Badod-Modak 与Badod-Kota线路因过负荷动作跳闸，加重了Bina-Gwalior电磁环网潮流。

- 13：00：13　400kV Bina-Gwalior线视在功率达1254MVA（未到达热稳限值，Bina侧电压362kV），该线因三段距离保护动作跳闸（属于保护误动）；与之并联的3条220kV线路及一条132kV线路因过载被切除，导致Gwalior站并入北部电网。此时，Gwalior地区随之脱离西部电网，并入北部电网。至此，北部电网与西部电网间所有联络线均断开，西部电力通过东部电网转送北部电网。

● 13：00：15　400kV Jamshedpur-Rourkela Ⅰ线（属东部电网）因三段距离保护动作跳闸（Ⅱ线仍然运行），东部电网内部开始振荡。13：00：19，大量线路因振荡相继跳闸。西部电网带东部电网Ranchi站和Rourkela 站母线孤网运行。西部电网解列后频率突升至51.4Hz，切除部分机组及Adani-M'garh直流后频率维持在51Hz左右。随后的1min内，北部、东部及东北电网又有40多条线路（包括一个背靠背直流）相继跳闸。由于损失西部3000MW功率，电网频率跌至48.12Hz，切负荷量不足及低频切机使情况进一步恶化，最终导致北部、东部及东北3网崩溃。

图2-8所示为印度电网"7·31"事故发展过程。该图以时间轴为线索展示了事故发展过程（对应时刻从7月31日13：00：24开始）。

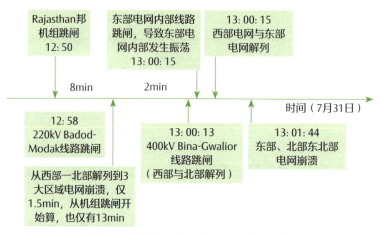

图2-8　印度电网"7·31"事故发展过程

图2-9所示为印度电网"7·31"事故过程频率变化曲线。该图展示了故障前后北部和西部电网的频率变化。可以看到，从西部与北部电网解列到3大区域电网崩溃，仅用了1.5min，从机组跳闸开始算起，共计13min。

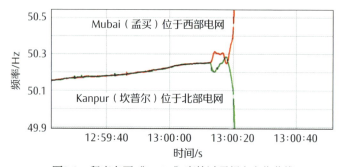

图2-9　印度电网"7·31"事故过程频率变化曲线

3．恢复供电

"7·31"事故造成印度北部电网、东部电网和东北部电网基本全停，损失负荷约40000MW，影响人口达6.7亿（占印度总人口55.4%）。印度电网"7·31"事故恢复过程如图2-10所示。

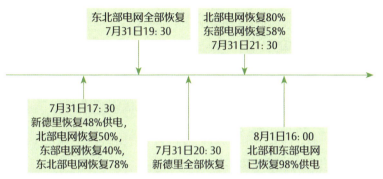

图2-10　印度电网"7·31"事故恢复过程

⊘ 事故原因分析

（一）网架结构薄弱，运行方式安排不合理

印度电网网架薄弱。两次事故发生前，印度电网运行方式安排不合理，均有大量线路停运，进一步削弱了网架结构。同时，电磁环网大量存在，第2次大停电过程中400kV Bina-Gwalior1线跳闸导致与之并列的4条低压线路跳闸。

印度电网网架结构还存在以下问题。

（1）线路检修安排不合理。一条400kV Bina-Gwalior-Agra线路计划停运进行升压改造，导致事故过程中另一条线路潮流重载跳闸。

（2）拉停线路调压。大停电前北部电网7条400kV线路因控制电压拉停，西部电网拉停22条。

（3）设备绝缘老化强迫停运。400kV Zerda-Kankroli线路和Bhinmal-Kankroli线路因绝缘老化因素退出运行。

（二）市场机制不合理，违反调度和监管指令情况普遍存在

1．频率控制要求低

印度电网频率控制要求低，其控制范围为49.5～50.2Hz，而欧洲、美国、

中国等电网频率均按照定频率控制。

2. 处罚机制不完善

超计划交换处罚机制不完善，在频率允许范围内超计划用电处罚费用少，电力运营商用超发超用手段谋求利益的现象屡见不鲜，进而导致超计划用电现象严重。在此基础上，且违反调度指令情况普遍存在，导致区调调度员难以控制线路潮流。

3. 监管机制不到位

此外，监管机制不到位，各邦超计划用电，但不付费计划交换费用，导致收费机制失效，监管机构的监管力减弱。

（三）电网防御机制不完善

1. 继电保护误动加剧故障发展

故障的起因是400kV Bina Gwalior线路重载（电流变大，电压降到很低水平），距离保护误认为有故障发生。快速动作的继电保护将过负荷元件切除，而此时控制采取措施或措施还未生效，进一步加剧了潮流转移和系统振荡。

从事故起始慢过程发展到系统失稳振荡，进入事故扩大的快过程阶段，随后系统解列崩溃，大停电无可避免。整个过程中都伴随着过负荷相关的继电保护动作。正常过负荷情况下，可能因线路电压降低、电流增大（低阻抗）而引发保护不合理动作跳闸，或因线路过载发热、弧垂增大进而引起短路跳闸。潮流转移过负荷情况下，保护可能误把潮流转移当作故障，切除非故障过负荷线路，导致更大规模的潮流转移，进一步增加系统失稳的风险，也可能造成潮流转移过负荷线路因过载弧垂增大而引发短路跳闸。

2. 电网不满足$N-1$准则

一条线路故障后，引发系统发生连锁跳闸，不满足$N-1$准则。

3. 低频减载动作不正确

印度2次大停电中，低频减载装置动作不正确，最终导致电网崩溃。

（四）电网调节和监视手段不完善

1. 一次调频管理不到位

虽然印度电力法规定发电机组必须具备一次调频功能，但是由于各种原因，如电网频率波动过大，机组的一次调频功能通常不投入，"7·30"和"7·31"事故中机组调速器没有起到调节作用。

2．电网参数缺乏有效管理

印度几乎所有的发电机组基本都配备了电力系统稳定器（PSS），但是参数长期缺乏管理。

3．PMU等电网监控设备数量有限

印度仅北部地区安装了9套相量测量装置（Phasor Measurement Unit，PMU），西部地区安装了3套，然而在故障发生时，部分变电站的PMU数据是不可用的。

（五）缺乏电网动态分析和安全评估能力

印度电网调度部门没有定期评估系统安全的工具，只查看状态估计结果，计算范围为400kV及以上电压等级的电网，计算间隔比较长。由于没有足够可用的远程终端单元（Remote Terminal Unit，RTU）数据，状态估计结果通常不可信。

🧠 思考与启示

随着我国特大型交直流混合电网的形成，我国电网呈现出全新的网络形态，电网特征、运行特性都将发生重大变化，如在电网发展的过渡期安全矛盾突出，系统特性复杂，以及新材料、新设备的大量使用等，对运行协调控制和安全管理提出了更高要求。结合历年大停电事故分析，给出了大停电对我国电网调度运行工作的几点启示。

（一）加快特高压互联电网建设

电网结构薄弱往往是发生大停电事故的根本原因。因此构建坚强的网架结构是实现坚强智能电网和保障电网安全稳定运行的关键。目前，我国正处于构建特高压大电网的关键时期，应加快转变电网发展方式，尽快形成交直流协调发展、结构布局合理的特高压骨干网架，充分发挥电源的支撑能力和电网紧急支援能力。

（二）坚持统一调度的管理模式

坚持"安全第一"的原则，发扬统一调度优势，制定全网统一的安全策略，建立并不断完善适应我国电网安全稳定运行的标准化体系，保障电网生产

运行的规范性；严肃调度纪律，杜绝系统超稳定限额运行，加强危险点分析和预控，严格执行系统备用规定，做好负荷侧管理和错峰避峰工作；坚持事故处理的果断性和快速性，形成高效快捷的应急事故处理机制，最大限度防止事故扩大。

（三）加强运行方式安排对电网运行的指导

严格按照《电力系统安全稳定导则》要求安排电网运行方式，运行中严格执行"$N-1$"准则；加强月度计划安全分析和临时方式跟踪校核，跟踪分析电网薄弱环节，及时消除安全隐患；实行日常全过程风险分析与危险点预控，努力降低运行安全风险；加强电网安全稳定控制管理，合理布置低频减载装置，配置考虑频率变化率的低频减载装置，充分发挥第3道防线在故障处置中的作用。

（四）强化日前安全校核在计划统筹中的作用

加强电网检修情况下的安全校核，优化协调输电设备停电计划；开展日前96点量化安全校核，及时优化跨区跨省协调控制策略，充分发挥大电网对单一严重故障的缓冲作用；加强设备大修技改、基建施工等配合停电工作的时序优化，杜绝重叠检修导致的电网运行结构严重削弱，确保合理的电网安全裕度。

（五）不断提升二次系统风险管控水平

高度重视继电保护对于电网安全运行的基础防线作用，加强保护装置核查，避免保护装置的误动；加强保护定值管理工作，确保全网保护定值的配合和优化，提高保护定值的正确性和适应性，提升二次系统的安全监控水平。

（六）不断增强电网监控的自动化手段

坚持发展基于同步相量的广域量测系统（WAMS），关键输电设备和发电厂的遥测信号和通信网络集中接入调度中心，不断提高调度对大电网运行状态的监控能力和水平。

（七）加强调度运行人员能力培训

建立完善、严格的安全操作规程，加强系统运行人员的操作培训，进行重大事故以及紧急情况下的仿真训练或事故演习，提高调度运行人员应对故障的能力，这对保证系统的安全稳定运行具有重要的作用。

（八）建立完备的故障处置预案

建立完备的故障处置预案，依靠电网调度掌握全局状态，做出果断决策，必要时以牺牲局部利益和个体利益来保证整个电力系统的安全稳定运行；依靠电网调度统筹协调好电网、电厂、用户之间的恢复进度，避免在电网恢复过程中发生次生灾害。

案例4
荷兰"3·27"大停电

📉 事故概况

当地时间2015年3月27日09：37，位于阿姆斯特丹东南约11km的迪曼（Dieman）变电站发生技术故障，导致变电站全站失压，随后发生连锁反应，最终导致荷兰北部大面积停电，约100万户居民受到停电影响。停电影响范围主要为Nood-Holland和Flevoland两个省，荷兰首都阿姆斯特丹（Amsterdam）也在此范围内。直止当天下午3时，大部分电力系统才基本恢复，这也是自1997年以来荷兰发生的最严重停电事故。

⚡ 荷兰电力系统概况

荷兰国土总面积41864km^2，位于欧洲西偏北部，与德国、比利时接壤。荷兰基层政权"市镇"，自其配电网诞生起，便从经济、技术、环境和多网联合方面掌控着它的运营与发展，形成了地方高度自治的配电网管理体制。荷兰总用电用户数量大约为800万户。

（一）电源概况

根据lowcarbonpower.org网站2015年的数据，荷兰的电力消耗中，化石能源占比为75.2%。其中，天然气为39.7%，燃煤为35.5%，石油1.1%。低碳能源方面，风能和太阳能分别贡献6.3%和0.9%，生物燃料占2.5%，核能为3.4%，如图2-11所示。直至2023年底，荷兰的电力消耗情况发生巨大转变，低碳能源占比51.37%，而化石能源占比为48.21%。在具体分类中，其中天然气为36.84%，接着是风能24.15%和太阳能17.61%，燃煤为8.5%，生物燃料为6.41，核能为3.13%，石油为1.26%。数据表明，荷兰已经在低碳能源使用方面取得了显著的成果。

整体上看，荷兰可再生能源设施基础良好。荷兰科研机构、大学和企业致

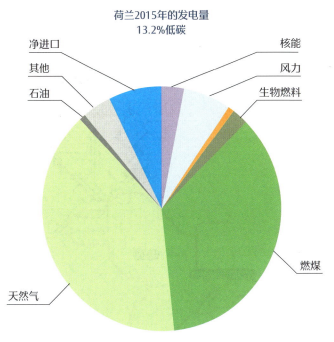

荷兰2015年的发电量
13.2%低碳

净进口
其他
石油
核能
风力
生物燃料
燃煤
天然气

图2-11　2015年荷兰电力消耗情况

力于开发和推广可再生能源技术、能源储存技术、能源效率解决方案，在光伏技术、知识转化和解决方案方面拥有较强的创新力。特别是在工业生产工艺的进步和完善、小规模太阳能光伏应用方案、使用太阳能的创新方法、可持续城市规划和建筑设计等方面具有领先地位。荷兰光伏领域企业主要是科技研发企业，及为建筑和家庭提供太阳能板安装整体方案的服务经销商，大型生产企业较少。同时受制于国土面积和成本，荷兰大规模的太阳能发电厂数量少。

（二）网架概况

荷兰电网的运营商Tennet为欧洲第五大电网独立运营商，运营范围为荷兰全境以及德国部分110kV及以上主干电网，运营范围内主干电网线路长度约为21000km，变电站约为250座，服务的用户超过4100万，频率为50Hz，荷兰电网在欧洲西北电网中起着枢纽节点的作用，与德国有3个互联通道，与比利时有2个互联通道，与挪威有1个互联通道，与英国有1个互联通道，如图2-12所示。其中，Tennet通过260km高压直流海底电缆将荷兰与英国相连（Britned），传输容量1000MW；荷兰与比利时通过380kV交流线路相连（ELIA），正常情

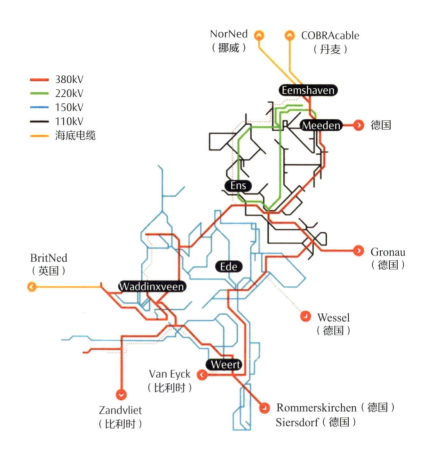

图2-12 荷兰电网网架示意

况下传输极限为1501MW；荷兰与德国通过380kV交流线路相连（AMPRION、Tennet及Gmbh等），正常情况下传输极限为2449MW；荷兰与挪威通过直流相连（StatNett），正常情况下传输极限为700MW。

当时荷兰电网是以380kV和220kV环网为主框架，150kV和110kV子网为区域供电框架，截至2014年10月31日，荷兰电网110kV及以上的电网框架如图2-13所示。

其中，发生技术故障的Dieman变电站始建于1970年，距离阿姆斯特丹约11km，为380kV变电站，有4台380/150kV变压器，容量分别为3台450MVA、1台500MVA，总变电容量为1850MVA。Dieman变电站4台变压器的50kV侧分别安装45Mvar并联补偿器，总补偿容量为180Mvar；在380kV高压侧安装了两组电容器，每组容量分别为150Mvar。该站的150kV母线连接着Nood-Holland地区的150kV输电网络，同时连接着一座天然气发电站，Dieman变电站与

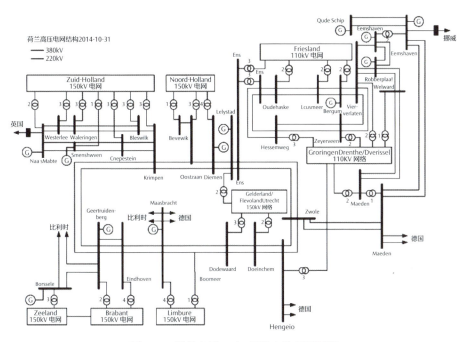

图2-13　荷兰电网110kV及以上的电网框架

Oostzaan变电站构成了为Nood-Holland地区（包括阿姆斯特丹）供电的重要380kV电源。因此，Diemen变电站为重要的枢纽变电站，4回380kV出线连接着3座380kV变电站，4回380kV出线信息见表2-4。

表2-4　Diemen变电站4回380kV出线信息

线路	Diemen-Lelystad	Krimpen-Diemen	Oostzaan-Diemen
每回线路长度 /km	51.8	57.3	15.3
线路回数	2	1	1
线路总长度 /km	103.6	57.3	15.3
正常传输容量（每回线路）/MVA	1645	1645	1900
最大设计总传输容量 /MVA	1975	1975	1975

▣ 事故演化过程

（一）事故发生前

根据运营商Tennet叙述，2015年3月27日上午，Diemen变电站的运行部分以及备用部分进行正常倒换操作，在此操作期间备用部分与运行部分短暂相连。

（二）事故发生后

- 09:37 发生短路故障，备用与运行部分同时保护跳闸，导致Diemen全站退出运行。

- 09:41 Tennet向全网发出了电网"非正常"警报，并指出故障时间起点为09:37 由于Diemen变电站的退出运行，导致Nood-Holland大部分地区（包括首都阿姆斯特丹）以及Flevoland部分地区大面积停电。

（三）恢复供电

- 10:40 Diemen变电站恢复供电，并逐步恢复对上述地区大用户的供电。

- 11:19 Tennet解除电网"非正常"警报。

- 11:20 全部150kV网络恢复。

- 14:30 Liander底层的家庭和企业再次通电，150kV子网恢复。

由于受影响铁路交通范围广，相关电力供应到下午3时左右才全部恢复，至此停电事故结束。

◎ 事故原因分析

（一）网架结构缺陷

Diemen变电站作为重要的枢纽变电站且供带阿姆斯特丹等重要地区负荷，采用备份运行模式，即Diemen的一半变电容量正常运行，另一半作为备用，当运行中的设备发生故障，备用设备将随时替换运行中的设备，以保障变电站的供电可靠性。而引起此次事故的短路故障恰好发生在Diemen变电站在正常倒换操作过程中，进而引发全站失压。

荷兰的Nood-Holland地区（包括阿姆斯特丹等重要负荷）仅由2座380kV变电站Diemen和Oostzaan供电。一方面，Diemen变电站整站退出极可能引起Oostzaan-Krimpen线路过载或是Oostzaan变电站过载跳闸，此时Nood-Holland地区将失去所有380kV电源。同时由于Nood-Holland地区自身接入150kV网络的电源较少，因此Nood-Holland地区将有很大概率发生大面积停电。另一方面，由于与Diemen电站相连的Lelystad给Flevoland地区供电，Diemen变电站发生故障时也可能影响到Lelystad变电站对Flevoland地区供电，造成Flevoland地区部分停电。最终停电情况也验证了这一分析，Oostzaan-Krimpen线路或Oostzaan变电站以及Lelystad变电站均受到Diemen变电站故障的影响。

（二）设备故障及人为误操作

在Diemen变电站发生故障的一个星期前，Diemen与Krimpen之间的相关电力线路进行了二次系统的维护安装。为了确认安装工作效果，决定在2015年3月27日开展了一次测试试验，此次测试在Diemen变电站主备变电系统进行正常倒换操作期间。为了对Diemen变电站380kV隔离开关A进行测试，同时保证380kV电网的电力供应，在进行隔离开关A测试操作之前需要将作为平行备用的隔离开关B转为运行状态。由于隔离开关B其中一相电机故障导致此相没有按照操作指令正确合闸，最终状态显示为隔离开关B某一相状态为"断开"，无法进行后续拉开隔离开关A的操作。经过Diemen变电站现场人员目测判断，认为隔离开关B状态为正常合闸，现场显示隔离开关B"断开"只是新的二次系统故障而非隔离开关B本身的机械缺陷。根据现场人员的目测判断，同时依据两天前隔离开关A曾经正确执行操作的记录，为了让后续测试工作顺利进行，站内运行人员同意执行临时操作，将隔离开关B的一相显示"断开"的状态屏蔽，但此时隔离开关B中的某一相实际并未合闸到位。当天09:37，当站内运行人员执行将隔离开关A拉开操作时，由于隔离开关B实际有一相"断开"，隔离开关A一相出现了开断电弧。此外，荷兰当天强劲的西风将电弧吹动，电弧引发该相与相邻相之间相间短路，由于此时Diemen变电站主备系统电气相连，保护动作导致Diemen全站故障退出运行。Tennet在事故调查报告中将此次停电原因总结为设备故障以及人为误操作的组合结果。

🤔 思考与启示

（一）要重视动态安全稳定校核和评估

电网安全稳定校核时，往往只进行 $N-1$、$N-2$ 校核，荷兰此次事故中，Diemen整站突然停运，从运行方式的角度来说为"$N-8$"。各项报告中没有显示运营商Tennet是否有将Diemen整站退出运行继而影响其他变电站或线路，从而导致大面积停电的情况进行校核。虽然整站停运这种情况发生的概率非常小，但是Diemen变电站作为极其重要的枢纽变电站，依然有必要对其站内突发多起故障甚至整站停运进行分析。建议系统分析工作者应重视对系统隐形故障的研究，深化对连锁故障的研究，加强孤岛电网稳定运行的研究等。

（二）积极开展事故预演和预防消缺

此次停电事故，导火索是Diemen变电站在运行转备用的倒换操作中发生故障，此过程亦非常考验变电运行人员的专业素质和处理能力。目前智能变电站逐渐普及，运行人员能及时判断异常信号以及在突发故障时的妥善处理对扭转局面非常重要。为提高变电运行人员对事故和异常运行的分析判断、处理事故的能力，应定期组织开展反事故演习，有针对性设置重大安全事故应急处理。全站停电、主变压器等故障事故处理，考察参演人员的判断分析以及准确、迅速处理事故象征及异常信号的能力，为突发情况中的应急处理奠定坚实基础。此次荷兰大停电事故的一个重要导火索是Tennet调查中提到的隔离开关的机械故障。因此，应注重提高设备的运行可靠性，及时发现各类隐患，及早预防维护，防止设备发生故障是保证安全连续生产的重要工作。

（三）合理设置继电保护和安控系统

继电保护装置作为第一道防线，其正确动作对电网的安全稳定运行起到至关重要的作用。建议变电站及发电厂的主管部门采取多种措施加强继电保护运行管理，加强继电保护定值的整定计算和技术监督，建立健全继电保护反措方案，仔细研究大规模潮流转移情况下后备保护的防误措施，严格把关电网改造升级新安装或检修后的继保装置的试验，做好定检、预试和日常维护工作，充分发挥继电保护在电网运行中的重要作用。此外，应加强电网安全的第二道防线，即安控系统。此次Diemen变电站退出，若各区域迅速配合切除部分负荷仍可避免事故的进一步扩大，因此其安稳策略存在一定的问题，未采取更有效的控制措施。如今我国特高压输电网络上若安控措施不能正确动作可能引发大面积的暂稳破坏事故，因此安控系统应继续坚持简化、优化原则，多考虑复杂工况，加强试验，强化防拒防误措施，不断提高安控的可靠性。

（四）加强基础设施的建设和合理规划

根据欧洲电力传输系统运营商网络的报告，目前欧洲电网的输送能力已接近极限，约1/3的规划项目建设滞后，输电容量不足、投资缺乏已成为欧盟统一电力市场建设的重大障碍。荷兰电网中，阿姆斯特丹等重要负荷仅由2座380kV变电站（Diemen和Oostzaan）供电，且供应此区域的380kV层面电源很少，此次荷兰的停电事故正是由于Diemen变电站退出潮流转移导致的线路过载引起。为了削弱Randstad等地区电力负荷对Diemen变电站的依赖，Tennet在2007年就已经开始进行北部地区380kV环网的构建，但截至事故发生，相关工程尚未竣工。构建这种坚强环网将显著降低Diemen变电站整站全停类似问题对北部地区的供电影响。一方面，电力是经济发展的命脉，电网企业应从社会发展的需求出发，把电力基础设施建设作为助推经济发展的要务来全力推进，加强电网和电源的协调发展，电网建设适度超前电源，避免因为电网建设滞后造成窝电、限电情况发生，构建一张坚强、稳定的电网，最大限度地满足企业和居民的用电需求。另一方面，合理电网结构是保证电网安全运行、避免大面积停电的前提条件。因此在电网规划中，应尽量确保有紧密的受端电网，合理分散的外部电源；在保证供电可靠性的前提下，积极有序推进电网合理分区供电；积极创造条件，稳妥推进特高压直流孤岛运行，降低直流故障后大规模潮流在交流系统内大范围转移所带来的风险。

（五）强化员工安全教育与培训

此次大停电事故中，现场人员在隔离开关合闸不到位的情况下，仅依靠目测以及装置动作历史记录，强行带负荷拉开平行隔离开关是导致Diemen变电站整站故障退出运行的主要原因之一。电网企业应加强培训学习与安全教育，落实安全生产责任，强化现场操作流程与规范。在现场出现异常情况后，不能盲目相信经验强行操作，应该对复杂疑难的新问题作深层分析，严格按照规章制度及程序作业，以免引发事故或将事故进一步扩大。

案例5
欧洲电网 "1·8" 解列事故

🖼 事故概况

　　2021年1月8日，克罗地亚1座400kV变电站母联断路器过载，导致连锁故障和功角失稳，使欧洲大陆电网解列为两个区域电网，分别产生了约5800MW不平衡功率，频率大幅波动，1700MW可中断负荷和296MW未签署可中断合同的终端负荷被切除，975MW发电机组被紧急控制系统切除，5200MW电源因频率、电压大幅振荡而脱网（以下简称"1·8"事故）。事故没有引起大面积停电，但影响了整个欧洲大陆电网，并波及英国和北欧电网。

⚙ 欧洲电力系统概况

　　欧洲输电系统运营商联盟（European Network of Transmission System Operators for Electricity，ENTSO-E）由来自欧洲35个国家的43家输电系统运营商（Transmission System Operators，TSOs）组成，所辖电网区域由欧洲大陆同步电网、北欧电网、英国电网、爱尔兰电网、波罗的海电网共5个区域电网与塞浦路斯、冰岛独立电网构成，是世界上电力需求最大的地区之一。

（一）电源概况

　　截至2021年底，ENTSO-E电网总装机容量为1155.921GW，其中占比较高的装机类型主要包括化石燃料发电、水电、风电、核电和太阳能发电。ENTSO-E 电网装机容量占比如图2-14所示。

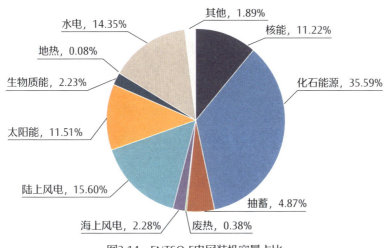

图2-14　ENTSO-E电网装机容量占比

（二）网架概况

ENTSO-E电网主要电压等级包括400（380）kV、330（300）kV以及285（220）kV，除波罗的海电网与欧洲大陆同步电网通过交流互联之外，其余区域电网之间通过直流互联，如图2-15所示。

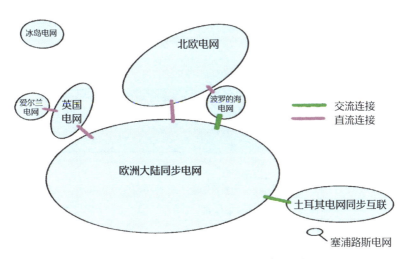

图2-15　ENTSO-E电网区域及互联情况示意

根据2018年电网负荷统计情况，全年最大负荷约为590GW，最小负荷约为270GW。ENTSO-E电网负荷峰谷值对应的日负荷曲线如图2-16所示，最大负荷出现在2018年2月28日，最小负荷出现在6月17日。

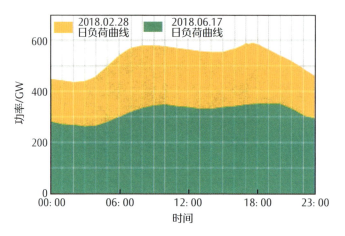

图2-16　2018年ENTSO-E电网负荷峰谷值对应的日负荷曲线

（三）频率控制措施概况

欧洲电网将调频备用、可中断负荷、低频减载等纳入紧急状态和恢复状态下的频率控制措施范畴，同时要求跨区高压直流提供辅助频率控制。

1．调频备用

欧洲电网调频备用类别如图2-17所示，分为频率控制备用（Frequency Control Reserve，FCR）、频率恢复备用（Frequency Restoration Reserve，FRR）及替代备用（Replacement Reserve，RR）3个层级。

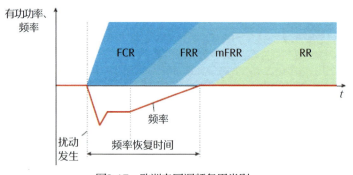

图2-17　欧洲电网调频备用类别

扰动发生后，利用FCR快速响应能力将频率偏差控制在允许范围内（如±0.2Hz），然后利用FRR和RR持续发挥作用，在15min内将频率恢复至额定值，同时释放FCR容量，以应对可能发生的下一次扰动。FCR在检测到频率偏差超过死区后立即启动，如频率偏差超过±0.2Hz，FCR必须在30s内达到

100%备用容量。欧洲大陆电网FCR总备用容量约3GW，按发电和负荷容量在各TSO之间分配。FRR分为自动频率恢复备用（aFRR）和手动频率恢复备用（mFRR）。aFRR在频率偏差达到TSO设定值时启动，响应时间不超过30s，mFRR通常为手动启动。RR用以替代或辅助FRR维持系统频率，通常为手动启动。TSO采购的调频备用服务主要以发电调频备用为主，根据频率控制区域内最严重$N-1$故障和至少1年内历史最严重故障对应的不平衡容量来综合确定FRR和RR容量。

2．可中断负荷

为应对大扰动后的频率偏差或负荷不平衡而设计的可中断负荷，可根据TSO下达的控制指令或预先设定的启动判据，切除部分或全部负荷，服务提供者依据合同获得补偿。TSO购买的可中断负荷服务通常设置立即中断和快速中断两种响应时间，以满足不同场景的需求。法国、意大利可中断负荷配置见表2-5。

表2-5　法国、意大利可中断负荷配置

国家	类别	响应时间 /s	总容量 /MW
法国	立即中断负荷	5.0	1500
	快速中断负荷	30.0	
意大利	立即中断负荷	0.2	4900
	快速中断负荷	5.0	

3．低频减载

ENTSO-E将低频减载作为防止频率大幅下跌和频率崩溃的最后一道防线，根据电网规模和特性，对欧洲大陆电网、北欧电网、英国电网和爱尔兰电网分别提出了配置低频减载系统的要求。对欧洲大陆电网，系统频率跌落至49Hz时，低频减载系统启动并切除至少5%负荷。如频率继续下跌，在跌至48Hz前，应按照至少6级共切除45%±7%的负荷，且每级切负荷量不应超过10%总负荷。部分TSO也将切除抽水蓄能机组作为频率控制措施。

4．跨区直流功率支援

欧洲大陆电网与北欧电网、英国电网分别通过直流线路联系。欧洲电网要求跨区直流运营商应按TSO的要求设置潮流调整的阈值，在频率发生偏移时调整输送潮流，以辅助频率控制。

▣ 事故演化过程

（一）事故发生前

事故发生前，电网运行平稳。欧洲东南部天气温暖，2021年1月6—7日为假期，电网负荷较低；中欧国家天气较冷，西北电网负荷相应较高。经事故后统计和模拟，东南电网向西北电网送电约5.8GW。欧洲电网"1·8"解列事故前开机情况见表2-6。

表2-6 欧洲电网"1·8"解列事故前开机情况

地区	开机容量 /GW				
	光伏	风电	燃气	其他	合计
西北电网	13	21.4	73.3	218.3	326.0
东南电网	1	4.0	5.3	60.2	70.5
合计	14	25.4	78.6	278.5	396.5

本次事故始于克罗地亚的Ernestinovo 400kV变电站。该变电站位于东南电网向西北电网输电的通道上，有5回400kV线路，1回至塞尔维亚电网，1回至波黑电网，1回至本国Zerjavinec 400kV变电站，2回至匈牙利电网。站内装有2台400kV/110kV变压器。

2021年1月5日，Ernestinovo变电站至匈牙利电网的第1回线路因断路器检修停运，第2回线路正常运行。站内接线方式如图2-18所示，至塞尔维亚和波黑电网的2回线路接入母线2，潮流均为流入母线，至匈牙利电网和本国Zerjavinec变电站的2回线路接入母线1，潮流均为流出母线，2台变压器分别接入母线1、2，下网功率较小，线路潮流几乎全部穿越母联断路器。

Ernestinovo变电站的母联断路器额定电流为1600A。在电流超过96%额定电流（1536A）时，数据采集与监控（SCADA）系统发出短时过载告警，在电流超过120%额定电流（1920A）时，SCADA系统发出长期过载告警。考虑短时过载能力，母联断路器过载保护定值设为130%额定电流，即电流超过2080A并持续5s，母联断路器跳闸。

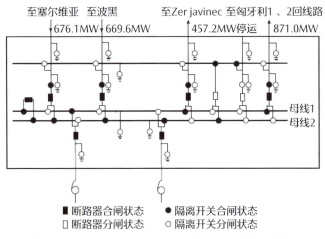

至塞尔维亚 至波黑　　　至Zer javinec 至匈牙利1、2回线路
676.1MW↑ 669.6MW↑　　457.2MW停运　871.0MW↑

母线1
母线2

■ 断路器合闸状态　　● 隔离开关合闸状态
□ 断路器分闸状态　　○ 隔离开关分闸状态

图2-18　Ernestinovo变电站2021年1月8日运行接线图

2021年1月8日，根据运行计划，约1.1GW潮流从母联断路器穿越，电流约1520A，接近短时过载告警限值。

1月8日12：00—13：00，Ernestinovo变电站母联断路器电流在1536A上下波动，SCADA系统发出约50次短时过载告警，电流最终保持在1536A以上。

1月8日13：00—14：00，母联断路器电流继续增大至1736A。东南电网区域控制误差显示，送西北电网潮流超出市场计划，误差逐渐增大到约380MW，同时波黑送意大利直流通道调减300MW，导致东南电网通过交流通道送西北电网潮流较市场计划共增加约680MW。Ernestinovo变电站母联断路器潮流随之增大。

（二）事故发生后

- **14：00后**　母联断路器电流由1736A快速增大至1931A，导致SCADA系统发出长期过载告警。西北电网和东南电网之间的功角已接近90°，趋于静态功角稳定极限。

- **14：04：21**　SCADA系统显示Ernestinovo变电站母联断路器电流达到1989A，但过载保护瞬时采样值已超过2080A，持续5s后，母联断路器跳闸，母线上连接的两台400kV/110kV变压器随即过载跳闸。Ernestinovo变电站两条母线失去电气联系，约1.4GW潮流向临近线路转移。

- **14：04：49**　与Ernestinovo变电站相邻的Subotica-Novi Sad 400kV线路过载跳闸，西

北电网和东南电网之间功角失稳。其后6s内，10回线路和1台主变压器因系统振荡和过载跳闸。

- **14：05：08** 连接两区域电网的最后2回220kV线路因系统振荡跳闸，两区域电网解列，均出现大规模功率不平衡。西北电网频率最低达到49.74Hz，东南电网频率最高达到50.6Hz。

（三）恢复并列

- **14：05—15：07** 经过1h的自动和手动频率控制，两区域电网频率逐步稳定在50Hz左右。

- **15：23** 解列线路基本恢复运行，系统完成并列。

◇ 事故原因分析

（一）事故主要原因分析

1．电网运行安全分析模型不完善

欧洲电网运行准则要求，所有的TSO均应开展日前、日内和准实时运行安全分析，确定安全隐患和相应的校正控制措施。克罗地亚TSO提供的系统模型将变电站作为1个节点近似处理，基于此构建的区域电网日前和日内安全分析模型均无法模拟母联断路器开断。因此，"1·8"事故前，区域电网安全协调中心、克罗地亚及周边TSO均得出了电网符合$N-1$准则，不存在安全风险的结论。据此，克罗地亚TSO也认为没有必要调整Ernestinovo变电站接线方式，导致大量潮流穿越母联断路器。

2．在线安全分析系统功能不灵活

克罗地亚TSO在线安全分析系统采用固定的故障集，变电站母联断路器故障不包含在在线分析故障集内。所以在"1·8"事故中，Ernestinovo变电站母联断路器潮流大幅增加后，如果对其开断故障进行安全校核，必须采用离线模式，重新设置模型进行仿真计算，耗时较长，并且离线仿真数据与实时运行数据存在差异，可能导致结果与实际运行工况存在差距。

3．运行人员责任不清

欧洲电网运行准则要求TSO监控系统运行状态，并决定是否需要重新开

展安全校核，或者实施调整网络拓扑、调整系统潮流等校正控制。"1·8"事故中，克罗地亚电网SCADA系统告警信息与相应的校正控制措施没有明确关联，克罗地亚调度中心接收到超过50次Ernestinovo变电站母联断路器过载告警后未采取有效控制措施，错过了规避事故的时机。

（二）频率控制措施综合作用效果分析

"1·8"事故中，FCR、可中断负荷控制系统、跨区直流功率支援及时响应，叠加切机和电源脱网的作用，系统频率在1min内（2021年1月8日14:05—14:06）恢复至50±0.2Hz内，没有跌至49Hz，避免了低频减载装置启动。事故过程中，自动切机和被动脱网电源容量约6.2GW，主要集中在东南电网，对解列后东南电网的频率控制起到了积极作用，但部分电源存在不符合并网技术标准而脱网的情况。按照欧洲电网机组并网技术标准，在一定频率偏差内，机组应具备并网运行能力。两区域电网解列后的频率控制措施和功率平衡情况见表2-7。

表2-7　两区域电网解列后的频率控制措施和功率平衡情况

区域	盈余功率/MW	平衡功率/MW							
		合计	频率控制备用	可中断负荷	直流功率支援	切机容量	电网脱网容量	负荷脱网容量	负荷频率特性
西北电网	-5800	5598	3280	1662	554	0	-968	83	987
东南电网	5800	-5659	-617	0	0	-975	-4280	213	*

注　表中正值为增加电源或减少负荷，负值为意义相反。

*—报告未给出相关数据。

🧠 思考与启示

近年来，中国电力系统没有发生对社会产生重大影响的事故，但是电力设备故障风险始终存在，电网安全事件难以完全避免。借鉴欧洲电网"1·8"解列事故，对中国电网运行安全提出以下建议。

（一）防范人为因素产生的安全风险

调度运行人员是应对电网安全风险最为主动的因素，在需进行复杂信息交流、对电网运行形势做出综合判断的情况下，调度员的作用通常是自动控制系统所无法替代的。但调度员的响应能力和速度受到专业素养、工作经验、物理及精神状态等多方面影响。中国电网调度机构通过严格的调度规程、调度员培训以及完善的事故处理规程等，可有效提升调度员的正确响应能力，防范人为因素产生电网安全风险。为应对未来电力系统中更复杂、更隐蔽、时间尺度更小的电网安全风险，应进一步完善调度员培训仿真系统，模拟现代交直流大电网，特别是以新能源为主体的新型电力系统的运行控制，增强调度员对电网动态稳定问题的认识，提升调度员对复杂电网的运行控制能力。同时，还需要提升电网安全防御系统的智能化水平，给予调度员明确的警示信息和措施建议，辅助调度员做出有效的控制决策。

（二）加强电网安全稳定管理

中国电网调度范围广、层级多，调度机构按照统一的数据和标准开展电网安全稳定分析是保证电网运行和控制措施协调一致的基础。应进一步加强安全稳定分析模型参数的管理，规范各级调度机构的数据管理流程，保证模型参数的唯一性。通过数据网络化协作共享等方式，提升仿真数据的拼接、调整效率。提升电网在线安全稳定分析模型自动构建和故障集自动产生、优化等能力，增强稳定分析的实时性和有效性。加强新能源和电力电子设备特性研究和实测建模，适应新能源发电单元和电力电子设备数量多、控制环节复杂的特点。按照统一的标准，加强各级调度机构安全稳定分析结论的校核，实现运行方式安排和控制措施的衔接。

（三）深化电网自适应解列和恢复技术研究

2006年11月4日，欧洲电网解列为3个区域，2021年"1·8"事故中电网分别解列为2个区域，产生了大幅功率不平衡和频率偏差。在中国电网中，主动的失步解列是阻断大停电事故蔓延的重要措施。随着电网规模增大、随机性电源增多、运行方式不确定性增加，多种扰动或控制措施可导致电力系统振荡中心发生动态迁移。连锁故障过程中，振荡中心在相继开断中发生转移，传统失步解列判据可能失效。需要克服离线制定的解列预案无法适应多变运行方式的缺陷，对电网主动解列技术和自适应解列策略进行研究，优化解列界面，控制解列后功率缺额、保证系统频率恢复能力，完善低频减载方案，避免过切造成系统大幅振荡。提升电力系统恢复在线决策水平，根据电网运行方式和解列方案，提出相应的控制策略和并网方案。

案例6
中国台湾电网"3·3"大停电事故

事故概况

2022年3月3日09:16左右,中国台湾电网发生大面积停电事故,损失负荷约8460MW,停电用户约549万户,涉及台湾地区几乎所有城市,成为中国台湾电网自1999年"9·21"大地震后最严重的大停电事故。

台湾电网概况

中国台湾电网为典型的岛屿型电网,目前还未与其他省级电网联网,由于人口和经济活动主要位于西部沿海,电源、网架及负荷主要分布在西部沿海的北、中、南地区。

(一)电源概况

截至2021年年底,中国台湾电网总装机规模51155MW,其中火电占比达67.7%(包括燃气35.9%、燃煤28.7%、燃油3.1%),水风光等可再生能源占21.6%,核电占5.6%,抽水蓄能占5.1%。2021年,全网发电量为248.8TWh,其中火电占比达79.6%(包括燃气42.5%、燃煤35.5%、燃油1.6%),可再生能源占6.3%,核电占10.8%,热电联产占2.0%,抽水蓄能占1.3%。

(二)网架概况

中国台湾电网额定频率为60Hz,主干输电网电压等级为345kV,电网主要位于西部沿海区域,其中南北6回345kV输电线路(三路同塔双回线)在西部沿海构成了带状主网架,并由北至南形成龙潭、中寮、龙崎3个345kV枢纽变电站。为控制短路电流和分散风险,正常运行方式下,龙潭、中寮、龙崎等南北路径上关键变电站采用分站运行。截至2021年年底,全网共有34座345kV变电站,345kV输电线路长约4300km。

中国台湾电网北部以台北、新北、新竹为负荷中心，中部以台中为负荷中心，南部以高雄、台南为负荷中心，其中高雄市和屏东县位于345kV龙崎站以南的供电区域。2021年，全网最大负荷为38840MW，历年最大负荷一般出现在炎热的7月。

事故演化过程

（一）事故发生前

3月3日事故发生前，中国台湾电网负荷达到28500MW，系统旋转备用约7000MW。作为中国台湾电网第三大发电厂，兴达电厂位于电网南部，装机容量4325MW，包括2个开关场共4台燃煤机组（装机2×500MW+2×550MW）、5台燃气联合循环机组（装机5×445MW）。兴达电厂分厂运行，兴达南、北开关场均采用3/2接线方式，开关场之间有联络线，正常运行方式下不投入，开关场设备为GIS。兴达电厂站内一次接线如图2-19所示。

事故发生前，兴达电厂2号煤机根据环保要求停机开展年度检修，为配合2号煤机检修，兴达北开关场3540断路器、3541隔离开关转检修开展维护保养工作。

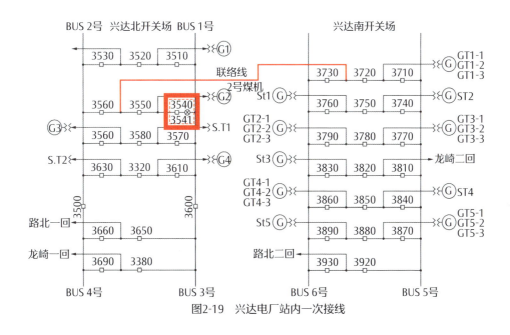

图2-19　兴达电厂站内一次接线

中国台湾电网在龙崎站北面构成6回345kV线路，分别为南科—龙崎北双线、嘉民—龙崎南线、中寮南—弥力线、天轮—龙崎北线、天轮—龙崎南线，形成南北大断面。因天轮—龙崎北线、天轮—龙崎南线、龙崎南仁武线、兴达南—龙崎南线停电检修，为确保系统可靠性，龙崎南、北开关场联络线投入。因兴达南—龙崎南线路停电检修，兴达南开关场仅剩兴达南—路北线送出，为避免线路故障导致兴达南开关场的燃机全失，兴达南、北开关场联络线投入。事故发生前龙崎站近区电网结构如图2-20所示。

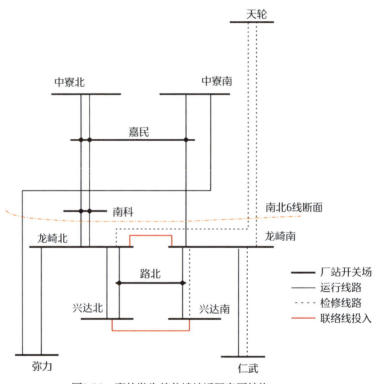

图2-20 事故发生前龙崎站近区电网结构

兴达北开关场中，1号母线与3541隔离开关共用GIS气室，3540断路器为单独GIS气室。2月28日兴达电厂现场人员检查发现3540断路器某相GIS气室内部显示有水汽，3月2日将内部六氟化硫（SF_6）绝缘气体抽出进行水分去除处理，且在故障发生前还未回充SF_6，因此3540断路器某相GIS气室绝缘能力没有达到正常状况。3540断路器1号母线侧的3541隔离开关在2号煤机年度检修期间更换控制元件，3月3日事故当天，兴达电厂现场人员根据工作安排开展3541隔离开关的投切测试。操作投入3541隔离开关前，未确认3540断路器GIS

气室的SF$_6$压力和状态。09：16，3541隔离开关投入，由于相邻的3540断路器某相气室内部未回充SF$_6$气体（断路器导体与GIS壳体电气距离不足），1号母线通过3541隔离开关合闸间隙和3540断路器导体与壳体间隙等2个串联间隙闪络放电，形成"3541隔离开关合闸弧道"和"3540断路器沿面闪络弧道"双弧道串联导致的单相短路故障。兴达电厂北开关场1号母线短路故障形成过程如图2-21所示。

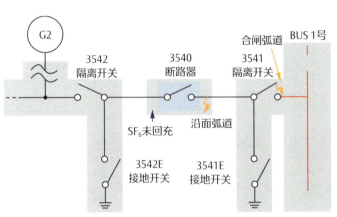

图2-21　兴达电厂北开关场1号母线短路故障形成过程

（二）事故发生后

故障应由1号母线的母差保护动作切除，然而3541隔离开关由开启至完全闭合约需7s，初始闪络短路电流较小且持续一段时间，未达到母差保护动作定值，未达到电流互感器（TA）断线定值（一般整定为母差电流小于TA额定电流，持续5s），报TA断线告警并闭锁母差保护。随着后续闪络短路电流逐渐增长，由于母差保护已经闭锁而无法动作，导致故障蔓延、范围扩大。

随后，兴达北—龙崎北线、兴达北—路北线后备保护动作跳闸，但兴达开关场联络线、兴达南路北线、路北—龙崎南线后备保护未动作隔离故障导致故障仍然蔓延至临近的路北、龙崎、嘉民、南科、仁武、中寮等变电站，相关345kV线路后备保护在没有逐级配合的情况下动作跳闸，龙崎站以北线路全部跳闸，龙崎站以南的局部电网与中北部电网解列。龙崎站近区345kV线路跳闸时序情况如图2-22所示，具体时间见表2-8。

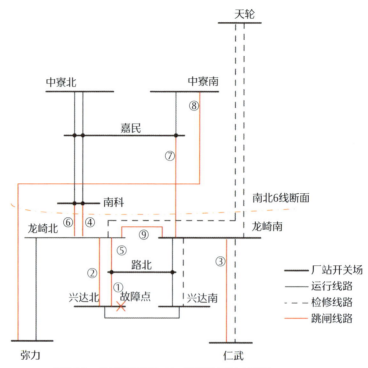

图2-22　龙崎站近区345kV线路跳闸时序情况

表2-8　龙崎站近区345kV线路跳闸具体时间

顺序	跳闸线路	时间
1	兴达北—路北线	09：16：20.667
2	兴达北—龙崎北线	09：16：20.691
3	龙崎南—仁武线	09：16：20.838
4	南科—龙崎北一线	09：16：20.846
5	路北—龙崎北线	09：16：20.847
6	南科—龙崎北二线	09：16：20.851
7	嘉民—龙崎南线	09：16：20.862
8	中寮南—弥力线	09：16：21.255
9	龙崎南、北开关场联络线	09：16：21.385

　　故障范围不断扩大，直至电网解列前后，龙崎站以南的兴达、南部、大林火电厂以及核能三厂，龙崎站以北的麦寮、嘉惠、森霸火电厂由于低压、过速低频等原因，机组保护动作全部跳闸，损失电源约10500MW。电网解列

前，龙崎站近区南北6线断面（其中4回线运行，2回线检修）潮流方向由南至北。发生解列后，龙崎站以南电网（主要供电高雄、屏东）系统频率上升至61.2Hz，随着南部机组陆续跳闸，在损失大量电源后，南部电网频率崩溃，系统全失。龙崎站以北的中北部电网由于损失电源，频率最低降至58.79Hz，触发低频减载切除负荷约4350MW。电网解列后的南部和中北部电网的系统频率曲线如图2-23所示。根据初步统计，全网负荷共计损失约8460MW。

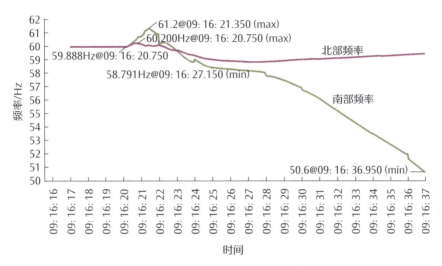

图2-23 电网解列后的南部和中北部电网的系统频率曲线

（三）恢复供电

大停电事故发生后，电网调度机构指挥相关水电厂、抽水蓄能电厂启动发电。随着水电增出力支援和嘉惠燃机重新并网，截至当日11:27，中北部电网低频减载的约400万用户全部恢复供电。南部电网由于区域内各大电厂全停，重新启动花费较长时间，至21:31，南部电网149万用户才全部复电，整个大停电事故持续时间约12h。整个大停电过程中，共造成约549万户用户停电，并造成约134万户一度停水，给民众生活造成严重混乱。同时，62处高技术产业园区中48处受到停电影响，造成巨大经济损失。

⊘ 事故原因分析

本次大停电事故由兴达电厂内部开关场故障为开端，扩大至多回主网线路跳闸、多个大容量电厂跳闸，最终导致南部电网解列并崩溃、中北部电网低频减载，引发大面积停电。事故原因由人为误操作引起，更重要的是保护防线不完善且网架结构存在缺陷。

（一）人为误操作

本次事故的直接原因是兴达电厂开展断路器检修，现场工作人员在未回充断路器GIS气室SF$_6$气体的情况下，错误投入相邻隔离开关，导致绝缘不足闪络放电，可能发生特殊形态的复杂发展性短路故障。根据兴达电厂本次操作的检修单，厂内设备检修时主要评估和关注可能直接影响机组跳机的风险因素，对于操作隔离开关导致断路器带电的风险缺乏评估，操作前也未核实断路器GIS气室的SF$_6$压力。

（二）电网保护防线不完善

本次事故的根本原因是保护防线不完善，存在电厂侧保护拒动和电网侧保护拒动、时序不匹配等问题。

电厂侧，短路故障呈现复杂发展性特征，母差保护动作逻辑不合理或者母线保护定值整定存在问题，导致母差保护被闭锁，最终出现主保护拒动的严重故障，同时兴达电厂内两个开关场之间联络线未配置合理的后备保护，导致故障由北开关场蔓延至南开关场，并通过两个开关场的3回出线蔓延至电网侧。

电网侧，根据保护的选择性，在兴达电厂母差保护未动作的情况下，应该由电厂出线对端的345kV路北站、龙崎站后备保护动作将故障隔离，但兴达南—路北线后备保护未动作，导致故障未隔离在兴达电厂内部；同时，兴达电厂近区5个345kV变电站的线路后备保护缺乏逐级配合，存在无序动作跳闸问题，导致南部地区主网架遭到巨大破坏。

（三）网架结构存在缺陷

中国台湾电网由于自然条件原因，输电走廊电源选址匮乏，发展过程中形成电源大型化和电网集中化的特点，南北三路6回345kV主干线路承担电力输送，形成由北至南的龙潭、中寮和龙崎3个枢纽变电站，北、中、南部地区主要负荷和主要电源均通过3个枢纽变电站运转，过度集中导致枢纽站一旦发生故障将可能引发电网大面积停电事故。本次事故中，兴达电厂故障未切除，故障蔓延至龙崎站，最终导致电网解列、大面积停电的严重后果。

🔖 事故启示

"3·3"中国台湾电网大停电事故反映出多方面问题，对于大电网防范大面积停电具有重要的启示和借鉴作用。

（一）坚强合理的主网架是避免大停电事故的根本保障

中国台湾电网在发展过程中形成了电源大型化和电网集中化的特点，虽采取了分厂、分站等分散风险的措施，但在检修方式下需通过联络线合厂合站，运行方式复杂多变，系统性风险始终存在，电网结构性矛盾问题突出，大电厂、枢纽站近区故障极易造成严重后果，导致大面积停电。现代大电网中，直流输电技术已成为大规模远距离输电的主要选项之一，大容量直流闭锁、密集输电通道或交直流交叉跨越点故障等重大风险点对电网的威胁巨大。因此，电力发展应坚持统一规划原则，统筹电源和电网的规划建设，优化电源布局和电网结构，加强输电通道中间支撑和受端系统的主网架建设；同时电网建设应做到合理的分层分区、结构清晰，加强区域电网网架和区域联络线的建设，合理应用电网柔性互联新技术并考虑交直流通道优化布局，建设坚强可靠的主网架。

（二）合理、可靠的三道防线是大电网安全稳定运行的重要保障

本次大停电事故中兴达电厂母线差动保护拒动，同时相邻站点后备保护出现拒动和缺乏逐级配合的问题，南部电网解列后第二、三道防线未能充分发挥作用防止系统崩溃，再次表明第一道防线快速切除故障，第二、三道防线保证系统稳定、防止系统崩溃的极端重要性。主保护拒动将导致故障蔓延，稳控系统拒动将导致稳定问题扩散，均可能产生连锁故障、系统振荡等大电网全局性失稳，是威胁大电网安全运行的主要基准风险。保障大电网安全应持续加强三道防线建设，技术上应加强特殊形态的复杂故障研究，特别是高阻性和发展性故障，分析保护动作逻辑和定值的适应性；结合网架结构变化和保护装置性能，持续研究完善后备保护优化配合原则；加强含高比例新能源的交直流混联大电网的稳定特性研究，应用机电、电磁暂态等多种仿真工具充分揭示系统安全风险，对三道防线的配置进行优化调整。管理上，应强化设备分级和动态管控，定期开展重点厂站的保护及稳控传动试验；加强保护、稳控装置全生命周期管理，及时更新改造提高保护、稳控装置可靠性；加强电网第三道防

线低频低压减载、高频切机容量的运行监视，确保实时运行中可切容量满足要求。

（三）源网协同风险管控是保障大电网安全的重要基础

本次大停电由电源侧的兴达电厂蔓延至电网侧的龙崎站、2021年"5·13"大停电由电网侧的路北站蔓延至电源侧的兴达电厂，最终电源和电网故障共同作用导致了大面积停电的后果，暴露出源网协同风险管控不到位的问题。随着电网规模持续扩大、主力机组容量逐渐增加，大规模电力系统中大机组和大电网互为一体，源网相互作用和影响，源网之间需要广泛的协调和正确的互动，才能共同保障大电网的安全稳定。因此，技术上，应加强源网协调配置技术和安全控制技术研究，特别是针对未来大规模新能源并网的现实需求，应尽快开展不同规模新能源渗透的系统特性研究，深入研究新能源机组并网试验技术以及涉网控制技术，进一步完善、提升新能源涉网性能。管理上，应加强发电机组涉网性能和涉网参数管理，严格落实新并网机组入网检测要求，开展现场涉网性能试验；大方式下系统运行裕度更小、风险更大，应定期在负荷高峰来临前，开展大容量电厂和新能源场站风险隐患排查。

（四）电气误操作人因风险防控需引起高度重视

本次事故的起因是兴达电厂人为误操作，暴露出兴达电厂现场作业防误管理存在重大缺失。人为误操作常见于电网检修方式下，可能会导致站内三相短路等严重故障，在系统联系已被削弱的情况下，对系统冲击大，一旦发生将严重威胁电网安全稳定运行。近年来，人为因素导致的电气误操作已经成为大停电事故的主要诱因之一，因此降低电气误操作人因风险是提高系统运行可靠性、保障大电网安全的重要方面。技术上，目前电力领域人因可靠性研究较少、尚未形成系统的理论和分析方法，应尽快开展电气误操作人因可靠性理论研究，分析人为失误机理和行为影响因素，建立人因失效模型，量化人为误操作概率，为电气误操作人因风险防控提供理论依据和模型支撑。管理上，应重点抓好重要厂站、复杂操作的风险管控，在关键输变电设备检修时落实挂牌监督制度，严格做好检修及工作票安全监督管理，持续完善电气五防技术装备，将防误闭锁装置纳入电气设备管理。

第三章

电力系统继电保护
防线存在漏洞

案例7
巴西东北部电网"2·4"大停电

事故概况

巴西时间2011年2月4日凌晨，巴西东北部电网Pernambuco州Luiz Gonzaga变电站发生设备跳闸事故，造成东北部电网与巴西国家互联电网解列，最终导致东北部7个州大范围停电，损失负荷8000MW，用户停电持续时间从几分钟到数小时不等，受影响的人口约4000万人。该次停电是巴西继2009年11月10日大停电事故后的又一次大范围停电事故，是世界范围内影响较大的大停电事故之一。

巴西东北部电力系统概况

巴西水利资源丰富，电源以水电为主，水电约占全国总装机容量的72%。巴西负荷主要集中于经济发达的东南部地区，东北部电网负荷约占巴西总负荷的14%。

巴西国家互联电网可分为六大区域电网，分别为西北电网、北部电网、东北部电网、中西部电网、东南部电网及南部电网。其中西北电网为独立运行电网，与北部电网同属北部电网公司主管；东北部电网由东北部电网公司主管；中西部电网和东南部电网同属东南部电网公司主管；南部电网由南部电网公司主管。四大电网公司的区域电网之间主要通过500kV线路联系。

巴西东北部电网如图3-1所示，其与国家互联电网相连的3个主要通道分别为：①北通道500kV Teresina Ⅱ-Sobral Ⅲ的双回线路；②中通道500kV Luiz Gonzaga-Milagres线路及500kV Sobradinho-Luiz Gonzaga双回线路；③南通道500kV Rio das Eguas-Bom Jesusda Lapa Ⅱ线路。

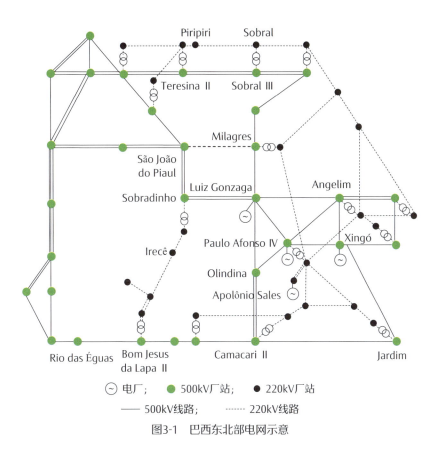

图3-1　巴西东北部电网示意

事故演化过程

（一）事故发生前

事故发生前，东北部电网电力负荷为8883MW，电网潮流如图3-2所示。东北部电网从外部受电功率为3237MW，占总负荷的36.4%，而东北部自身机组出力为5646MW。Paulo Afonso水电枢纽区域出力5360MW，占东北部电网机组出力的95.1%，而分布于东部、东北部沿海负荷中心的风电厂和燃油电厂，出力仅占2.6%和2.3%。事故前São João do Piauí -Milagres

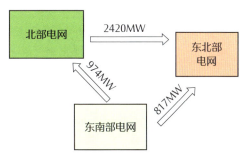

图3-2　事故发生前东北部电网潮流

500kV线路紧急检修停运。故障过程中，该线路与其他开断线路构成了解列断面。

事故发生的起源点为Luiz Gonzaga变电站的Luiz Gonzaga-Sobradinho的1号线路。Luiz Gonzaga变电站500kV主接线如图3-3所示，站内断路器15T2因故障停运消缺。

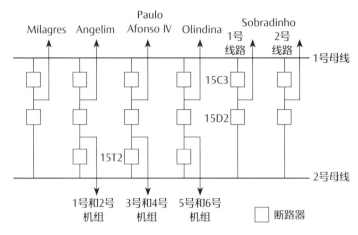

图3-3　Luiz Gonzaga变电站500kV主接线

（二）事故发生后

- **2011年2月4日00：08**　Luiz Gonzaga-Sobradinho的1号线路的保护装置（GE公司TSL1B集成电路型高频距离保护）出现故障，启动断路器失灵保护的动作接点黏死，导致1号线路与1号母线侧断路器15C3失灵保护动作，跳开与1号母线相连的所有断路器及1号线路另一侧断路器15D2。该过程中，由于流过1号线路与2号母线侧连接断路器15D2的电流较小，断路器15D2失灵保护并未启动。此时，除了Luiz Gonzaga-Sobradinho的1号线路被跳开外，系统结构并没有出现较大的改变。

- **00：21**　变电站运行人员手动试送Luiz Gonzaga-Sobradinho的1号线路，在合Luiz Gonzaga Sobradinho的1号线路和2号母线之间的连接断路器15D2时，由于启动失灵保护的信号仍然存在且电流满足动作要求，导致断路器15D2失灵保护动作，2号母线跳闸。此时，2条500kV母线均跳开，导致Luiz Gonzaga-Milagres线路和Sobradinho-Luiz Gonzaga的2号线路均被切除，整个东北部电网结构发生重大变化，电网稳定性严重恶化。

由于事故前东北部电网的受入功率较大，电网出现失步振荡。失步解列装置动作，跳开了连接北部电网与东北部电网的Teresina Ⅱ-Sobral Ⅲ双回

500kV线路以及连接东南部电网与东北部电网的Rio das Éguas-Bom Jesus da Lapa 500kV线路。由于存在着电磁环网，500kV线路跳开后潮流转移到220kV线路，导致部分220kV电站的电压急剧下降，线路的距离保护Ⅰ段动作跳开220kV线路。至此，东北部电网和巴西互联电网解列。

随后，东北部电网功率出现大量缺额，频率下降，低频减载动作5轮（加速轮和基本轮），加上之前低压减载动作和负荷自身保护跳闸，共损失负荷5754MW。系统频率恢复至61Hz左右。由于损失了近70%的负荷，东北部电网的潮流变得很轻，电网内部出现了过电压问题。过电压导致东北部电网内部的线路、电容器等跳开。在该过程中，由于部分机组过电压保护以及其他诸如设置不合理等原因，主力电源Xingó水电站的机组，Paulo Afonso Ⅳ水电站的机组，以及Paulo Afonso Ⅰ、Ⅱ、Ⅲ和Apolônio Sales电站的大量机组相继跳闸。

东北部孤立电网内部大量的机组跳闸导致电网再次出现低压、低频问题，负荷由于低频减载、低压减载和自身保护的原因被切除，这种情况维持了7'20″左右。直至00：29，系统完全崩溃。

（三）恢复供电

东北部电网中部区域在停电52min后首先恢复供电，事故停电8h后，东北部电网主要负荷恢复完毕。具体恢复过程如下。

- 01：00　东北部电网的中部区域完全恢复。

- 01：05　Luiz Gonzaga-Sobradinho的500kV C2线恢复供电，东北部电网与主网重新联网。

- 01：10　500kV Teresina l-Sobral FortalezaⅡ线路恢复送电，北部电网与东北部电网重新联网。

- 01：30　东北部电网的西南区域恢复供电。

- 02：10—05：00　东北部电网的南区、东区负荷陆续恢复供电：02：30恢复负荷3000MW；03：30恢复负荷3750MW；04：48AngelimI-Xingó l500kV线路恢复供电；05：00恢复负荷5800MW。

- 06：30　Sapeacu-CamacariⅡ500kV线路恢复供电，东北部电网与东南部电网同步连接，恢复负荷5900MW。

- 08：18　恢复负荷6900MW。至此，东北部电网的主要负荷恢复完毕。

✅ 事故原因分析

（一）主要原因

该次事故起始于Luiz Gonzaga变电站Sobradinho C1线路与母线1间的断路器失灵保护装置误动，造成变电站母线1、线路C1跳闸。除了变电站运行人员没有及时、正确地查找到故障原因以外，在对线路重合闸过程中，C1线路与母线2间的断路器失灵保护装置误动，是导致变电站2条母线全停，引起变电站3回500kV出线停运的主要原因。

（二）直接原因

断路器失灵保护装置误动的直接原因为线路保护启动断路器失灵接点黏连，但其背后的根本原因为误动表明失灵保护判据设置有欠妥当。巴西电网断路器失灵保护逻辑为当保护动作且对应相的过流条件满足时，经一定延时后断路器失灵保护动作，如图3-4所示。

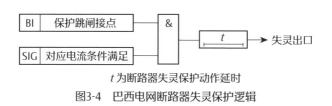

t 为断路器失灵保护动作延时

图3-4　巴西电网断路器失灵保护逻辑

断路器失灵保护仅采用了对应相的过流条件作为断路器失灵保护判据，判断条件过于简单。该判据存在以下显著缺陷。

（1）防误动能力差。电流判据条件非常简单，当启动断路器失灵接点误开入时，只要断路器电流大于断路器失灵保护整定的电流门槛值，断路器失灵保护就必然误动出口，而由于断路器失灵保护电流门槛值须考虑故障灵敏度，因此一般很难躲过最大负荷电流从而导致在正常情况下就可能满足断路器失灵保护电流判据。

（2）自检措施不完善。对于断路器失灵保护，在启动断路器失灵保护的信号长期存在时，应能发告警信号，通知运行人员消除隐患，否则，只要电流大于门槛值，断路器失灵保护就会误动。

（三）其他原因

此外，巴西东北部电网还存在以下两点问题。

1. 机网协调能力不足

巴西东北部电网孤岛运行后，由于采取了一系列有效措施，系统一度恢复稳定运行。尽管Xingó机组机端电压降低至额定值的90%～93%，但仍在机组运行范围内，然而由于机组辅助设备的低电压保护设定不合理，导致4台机组解列，破坏了故障后的系统稳定运行条件，引发了连锁跳机，这是造成东北部电网最终崩溃的直接原因。因此，对于并网机组，应充分重视涉网保护参数的合理整定，提高机网协调能力。

2. 运行人员操作不当

Luiz Gonzaga变电站运行人员操作不当，导致事故扩大。若在母线1及Sobradinho C1线路跳闸时，能够正确、及时地判断故障原因，检查、确认线路的断路器失灵保护，则有可能避免大停电事故的发生。

🧠 思考与启示

（一）提高装置的可靠性

提高继电保护和安全稳定自动装置的可靠性以及保证参数的正确整定。当系统发生扰动，处于紧急状态时，系统的继电保护及安全稳定自动装置的合理配置以及高可靠性，能够使系统有效隔离故障，避免事故扩大，提高系统的稳定性，反之则会导致事故扩大并引发大停电事故。应当深刻汲取该事故中的经验和教训，重视和改进继电保护和安全稳定自动装置参数整定工作，提高装置的可靠性。

（二）加强机网协调

发电机及其控制系统、继电保护装置与电力系统稳定水平密切相关，只有充分掌握和发挥机组的调节性能，使其满足电网运行需要，才能不断提高机网协调水平和驾驭大电网能力。

（1）深入研究励磁、调速控制系统在严重故障后的动作特性。励磁、调速系统是在电网发生严重故障后，始终参与调节的实时控制系统，它们的动作特性直接影响故障后系统的稳定水平。因此，掌握励磁、调速系统在故障全过程的动作规律，对于提高电网安全运行水平意义重大。

（2）发电机/发电厂涉网保护的合理整定。巴西"2·4"停电事故表明，在严重故障情况下可能出现系统高频率或低频率，以及系统过电压和发电厂设备低电压交织在一起的复杂情况。发电机的各种保护需要适应电网运行方式的变化，并且与自动装置达到最佳配合，从而保证电厂和整个电力系统的安全稳定。电厂与电网之间的协调配合是保证电力系统安全稳定的关键因素之一，特别是电网运行在较大的波动期间。在我国厂网分开的情况下，更需要电厂、电网之间的充分协调，从而最大限度地保证电力系统的安全稳定运行。

（三）加强对系统隐性故障的研究

隐性故障在系统正常运行时对系统没有影响，但当系统某些部分发生变化时，这种故障就会被触发，可能导致大面积故障的发生。隐性故障在系统正常运行时是无法发现的，而一旦有故障发生，系统在极端运行状态下就有可能会使带有隐性故障的保护系统误动作。该次事故中Xingó 4台机组的辅助设备的低压保护装置存在隐性故障，在巴西东北部电网孤网运行期间，低压保护装置不能适应新的运行条件，最终导致刚刚被拉回稳定运行状态的东北部电网崩溃并造成大面积停电事故。

（四）深化对连锁故障的研究

大停电事故往往是由连锁故障蔓延开来导致的，系统起初的$N-1$故障有可能是一系列多重故障中倒下的第一张多米诺骨牌。由于连锁故障的成因与发展规律都比较复杂，且故障影响随着电力系统规模和复杂性的增加而加剧，因此应深化对连锁故障的机理研究，提出和制订防御连锁故障的控制措施，加快基于广域信息的实时监测、稳定分析和智能控制等技术的研究和推广，预防和抵御连锁故障诱发的大停电事故。

（五）加强孤岛电网稳定运行的研究

在系统出现灾变、故障或扰动后，通过预先整定策略的安全稳定自动装置将电网解列形成孤岛，通过孤岛电网中的低频、低压减载及自动甩负荷等措施，保证孤岛电网的安全稳定运行，从而缩小事故的影响范围，提高系统运行的可靠性。这次事故中，巴西东北部电网在与北部电网、东南部电网正确解列进而孤岛运行后，通过安全稳定自动装置的正确动作，能够维持东北部电网的稳定运行。这也成为此次事故中的宝贵经验。在我国区域互联电网运行模式下，加强解列后的孤岛系统稳定运行研究，对防止事故蔓延扩大尤为重要。应重视孤岛系统的安全稳定运行与控制的仿真和分析，特别是注重电力系统长过程的稳定性问题研究，以及防止事故扩大的有效措施研究，避免发生大面积停电事故。

（六）加强系统运行人员的故障应急处置能力培训

在电力系统的故障处置过程中，应尽可能避免人为因素导致的故障范围扩大、系统失稳甚至大停电事故的发生。因此，建立和执行完善、严格的安全操作规程，加强系统运行人员的操作培训，进行重大事故以及紧急情况下的仿真训练或事故演习，提高系统运行人员的故障应急处置能力，对保证系统的安全稳定运行具有重要的作用。

第四章

极端天气自然灾害
破坏电网结构

案例8

美国得克萨斯州"2·15"停电事故

事故概况

2021年2月13—17日，冬季风暴"乌里"袭击了北美大部地区，致使美国大部、墨西哥北部遭遇强寒流、极端暴风雪过程，得克萨斯州（以下简称"得州"）地区气温下降至-2～-22℃。极寒天气导致电力需求远超供应量，2月15日，得州电力可靠性委员会（Electric Reliability Council of Texas，ERCOT）宣布进入能源紧急状态，并于当日01：23左右开始在全州运营区域内实施轮流停电。此前，ERCOT仅有3次启动全系统范围内的轮流停电，分别是1989年12月22日、2006年4月17日以及2011年2月2日。停电期间，最大切负荷20000MW，最高峰时有超过480万用户电力供应被迫中断，断电导致天然气供应链、水供应系统、交通系统等民生领域遭受重大破坏，伤亡事故频发。随着发电侧可靠性调度机组投运、停运机组恢复正常，需求侧实施控制性负荷削减，ERCOT维持区域内电力平衡并于2月19日10：35左右恢复了峰值停电规模中96%用户的供电，轮流停电结束。这次事故中，电力供需不平衡还导致电价飞涨，电力批发价格由平时的不足0.1美元/（kW·h）上涨至9美元/（kW·h）。

得州是全美最大能源生产、消费州，此次停电事件持续时间长、波及范围广，对当地的人民群众人身安全以及经济社会正常运行造成了显著的影响。因此，正确看待本次事件、吸取相关经验教训，对我国电力系统发展、电力市场建设都具有重要意义。

本案例首先介绍了得州电力系统概况，然后基于ERCOT发布的相关信息梳理了停电事件的过程，接着深入分析了此次事故发生的直接原因并挖掘其根源，最后提出了本次停电事件对我国电力系统的启示。

美国得州电力系统概况

得州是美国南方最大的州，面积69.6万km²，常住人口2900万。得州是美国能源大州，尤其以能源和石化工业著称，石油和天然气产量分别占全美1/3和1/4，炼油能力占全美1/4，风电装机规模全美第一。2019年国民生产总值为18870亿美元，年度平均气温19.3℃。得州电网主要由ERCOT调度运行管理。ERCOT为北美三大同步电网之一，通过2条背靠背直流联络线与西南电力组织（Southwest Power Pool，SPP）电网相连，容量为880MW，在紧急时段进行电力交换；通过3条背靠背直流联络线与墨西哥电网相连，容量为286MW，主要进行日前跨国电力双边交易。

得州电网主要由ERCOT与西南电力联营、中部大陆独立系统运营商、西部电力协调委员会4家电网运营商共同运营。其中，ERCOT运营区域涉及用户人数达2600万，覆盖面积达得州总面积的75%，电力负荷约占得州总负荷的90%。本次事件停电范围主要集中在ERCOT运营区域。

（一）电源概况

1. 得州装机容量分布

截至2021年2月，ERCOT运营区域的总装机容量约108888MW，主要包含燃气、燃煤、核电、风电、光伏等能源。其中，燃气发电装机容量约51667MW（占比47.45%），燃煤发电装机容量约13630MW（占比12.52%），核电装机容量约5153MW（占比4.73%），风电装机容量约31390MW（占比28.83%），光伏发电装机容量约6177MW（占比5.67%），其他类型装机容量约871MW（占比0.80%）。得州装机容量分布如图4-1所示。

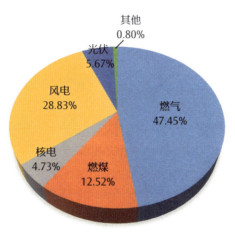

图4-1　得州装机容量分布

经估算，2020年得州发电机组年平均利用小时数约3800h（含新能源装机），其中天然气发电机组3740h，煤电4280h，风电2630h，核电8360h。

2. 得州电网运行特性

对比不同时段各类型电源发电量占比与装机占比情况，不难发现得州电网具备以下运行特性。

（1）核电承担电网基荷，几乎全年不间断运行。

（2）由于风力资源良好，新能源作为未来电源发展方向，依靠燃气机组快速启停的特点（30min内可实现从冷机到满载），优先保障消纳。

（3）煤电由于调节速度响应较慢，几乎不参与调峰调频，主要承担部分电能供应任务。

（4）燃气发电机组由于调节性能良好、调节速度快的特点，承担了系统调频调峰任务，其利用小时数随着系统负荷变化而变化。

（二）网架概况

ERCOT电网由345、138、69kV等电压等级构成，线路总长度超过74834km。ERCOT电网通过总容量1220MW（不足最高负荷2%）的4条直流联络线与地理位置相邻的电网互联，其网架示意如图4-2所示。

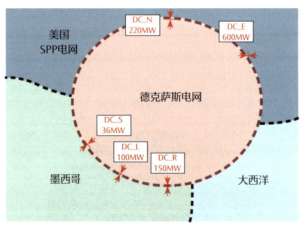

图4-2　ECROT网架示意

（1）DC_N直流系统于2020年3月23日因故障停运后，由于备件短缺永久停用。

（2）DC_L和DC_R与墨西哥电网相连。DC_L传输容量为100MW，通过可变频变压器方式联网；DC_R传输容量为300MW，通过直流背靠背方式联网。

（3）DC_N和DC_E与SPP电网相连。DC_N传输容量为220MW，DC_E传输容量为600MW，均为直流背靠背方式联网。ECROT网架示意

（三）电网运营与管理机制

得州电力市场运营和管理采用分区电价机制和能量市场平衡的方式开展。为优先消纳新能源，在系统未发生阻塞的情况下，按照新能源预测最大出力安排常规机组运行方式，新能源出力不足和负荷预测误差由快速启停的燃气机组及可中断负荷平衡。得州电力市场分为分别为南区、北区、休斯敦区、西区及东北区5个区域，区与区之间输电断面存在稳定限额。ERCOT将日前到实时的市场交易和电网调度运行工作，分成日前、调整和运行3个阶段。日前模拟运行阶段为电网运行前一日的06：00—18：00，主要通过机组组合计算，发布次日的负荷需求以及辅助服务需求。调整运行阶段为运行前一日的18：00到日内运行时刻前1h，主要根据电网的运行状态，评估系统辅助服务是否充足，根据电网安全需求，补充相关的辅助服务交易。运行阶段为运行时刻前1h到运行时刻后1h的模拟，主要根据SCADA系统获得的系统运行状态、机组出力、辅助服务情况等信息，以电网实时运行模拟、经济调度和负荷频率控制为约束，实现对电网的经济安全调度。

为了保障电网安全稳定运行，在实时调度运行中，ERCOT考核机组或电厂的实际出力是否偏离接收到的基点指令。对常规机组而言，其出力超出考虑辅助服务后的基点指令值5%或5MW（取二者中较小值）时，将受到偏差处罚。对于风电场而言，其出力低于基点指令值时，无论弃风与否，都不作处罚；只在弃风状态下风电场出力高于基点指令值10%以上时才予以处罚。这导致风电场将最大出力限值设为预测出力最大值，常常存在风电出力达不到指令值的情况，使得系统备用需求较大。

ERCOT通过良好的日前、调整和运行机制，能够保障电网应对一定容量的有功功率缺额，然而难以消除大规模风电功率突然减小所带来的功率缺额。针对系统发电容量迅速减小或电网频率骤降的情况，ERCOT主要通过开启可快速启动的燃气机组，调用旋转备用和非旋转备用辅助服务以及执行紧急电力削减计划来应对。同时，ERCOT电网有大量的可中断负荷用户通过竞价来承担备用服务，或与ERCOT签订紧急可中断负荷服务合同，调度员可在紧急情况下要求用户执行服务。具体地，在系统备用容量不足、频率稳定受到威胁时，调度机构将执行能源紧急预警计划（Energy Emergency Alerts，EEA）。

ERCOT能源紧急预警等级见表4-1。

表4-1 ERCOT能源紧急预警等级

级别	执行条件	应对方案
EEA 1	系统旋转备用容量小于2300MW	组织发电机并网，通过DC联络线请求支援，切断温度敏感的可中断负荷
EEA 2	系统旋转备用容量小于1750MW或频率难以维持60Hz	承担旋转备用的负荷开断；旋转备用小于1350MW时需求侧响应负荷开断
EEA 3	系统频率难以维持59.8Hz	通知旋转备用或可中断负荷全部开断，实施轮流停电

回 事故演化过程

（一）事故发生前

- **2月8日** ERCOT针对预期到来的极寒天气发布运行条件通告。

- **2月10日** 发布事件咨询通告。

- **2月11日** 发布事件监视通告。ERCOT在负荷预测中宣称，如果气温持续下降，2月15日上午负荷将创历史新高。ERCOT经营区内发电厂收到极寒天气准备通知，要求审查燃料供应、实施冬季天气应对程序等。

- **2月14日18:00—19:00** 系统峰荷达到69150MW。ERCOT向美国能源部（Department of Energy，DoE）发出请愿书，称史无前例的寒冷天气导致创纪录的冬季用电需求，超过了最极端的季节性负荷预测。DoE根据《联邦电力法》第202（c）条发布紧急命令，授权允许ERCOT在2月14—19日EEA生效期间，调用因环保限制导致出力受限或停机的发电机组，以满足电力需求。进一步地，ERCOT取消了所辖范围内输电线路的运维停电计划，审查计划停电的机组能否提前恢复运行。

（二）事故发生后

- **2月15日** 午夜，受寒潮天气影响，各种燃料类型电厂发电功率大幅下降，部分发电机组脱网。00:15，ERCOT宣布进入EEA 1级响应状态；01:07，上升为EEA 2级响应状态，通知可用机组启动和承担旋转备用的负荷中断。01:20上升至EEA 3级响应状态，实施轮流停电。此后，随着发电容量减少，系统频率偏离60Hz并开始显著下降，并在59.4Hz以下的低谷期持续了4′23″，最低时低至59.302Hz。ERCOT进入EEA 3级响应状态后，立即切除负荷1000MW；在频率低谷期内，两次大幅度切负荷量，先后达到3000MW与3500MW。全日累计削减负荷20000MW，最高峰时发电容量损失52277MW，约占总容量的48.6%。2月15日停电发展过程如图4-3所示。

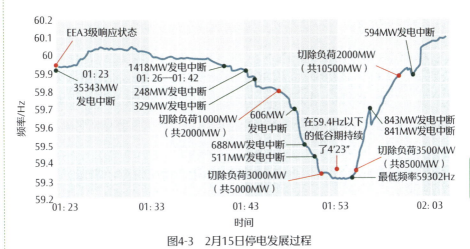

图4-3　2月15日停电发展过程

● **2月16日**　受到天灾破坏性停电和调度控制性停电的影响，得州无电力供应数最高峰时达到4893204户。ERCOT指示公用事业公司分别在下午、夜间恢复了40万户、60万户供电。负荷预测峰值（无削减负荷）为76819MW，达到本次事故期间的最大值。事故历程中停电影响用户数如图4-4所示。

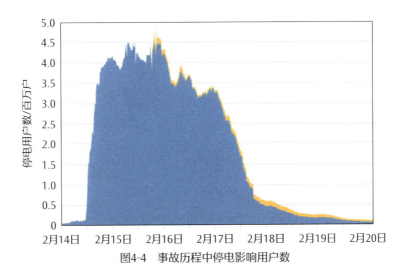

图4-4　事故历程中停电影响用户数

● **2月17日09：30** 得州约334万用户仍未恢复电力供应。尽管气温回暖使部分发电机组恢复运行，但缺少了中西部直流线路受入电力，ERCOT仍需维持14000MW的负荷削减。得州州长要求液化天然气在出口前必须供给当地发电机组。17日下午，负荷开始以1000MW/h的速度恢复；晚上，ERCOT宣布已恢复大约8000MW负荷。

（三）恢复供电

随着发电机组进一步恢复并网发电，2月19日，ERCOT宣布电网运行状态调整为EEA 1级，停电用户减少到18.9万，约96%的用户恢复供电。此时，电网仍有约34000MW发电机组未能并网运行，其中煤电和燃气机组约20000MW。2月20日，除大型工业用户和部分受电力设备损坏影响被迫停电的7.7万用户外，98%停电用户恢复供电，ERCOT宣布电网进入正常运行状态。

大停电期间（2月14—20日）得州电力供需情况如图4-5所示，各类型电源每小时发电量变化如图4-6所示。

图4-5 大停电期间得州电力供需情况

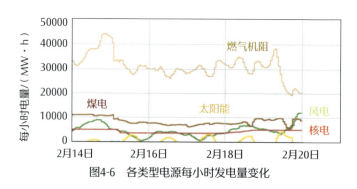

图4-6 各类型电源每小时发电量变化

针对本次得州大停电事故发生演变情况，结合得州电网基本情况，分析本次大停电事故的主要原因如下。

（一）极寒天气造成的电源侧电力供应不足

极寒天气导致机组非计划停运是限电的直接原因。本次得州遭遇了百年一遇的极寒天气，以得州首府奥斯丁的气温为例，2月15日和16日其最低气温比近35年以来2月份最低气温平均值低20.3℃。奥斯丁事故期间气温与历史同期气温对比如图4-7所示。

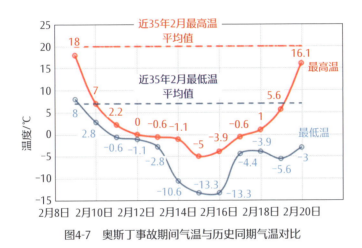

图4-7　奥斯丁事故期间气温与历史同期气温对比

据美国能源部披露的信息，极寒天气导致燃气机组因天然气冰堵而供应不足停运、风电机组因设备结冰无法发电、核电煤电机组因设备故障跳闸，总计约40000MW机组无法正常运行，超过总装机的1/3，极大地削弱了得州电网供电能力，电源侧电力供应不足是本次得州大停电事故的直接原因。

（二）跨区和区内互济能力不足

跨区和区内互济能力不足制约了停电负荷的快速恢复。得州电网主要依靠网内电源实现电力平衡，仅通过总容量1166MW的直流与外部系统互联，跨区输电能力仅占得州电网最大负荷的1.6%。得州外来电力交换情况如图4-8所示，可以看到，当网内供应能力不足时，外区电力支援几乎为零。无法通过跨区互济获取外部支援增加了得州供电恢复的难度，直到2月20日得州气温逐步回升至相对正常的状态，得州电网才逐步恢复正常运行状态。

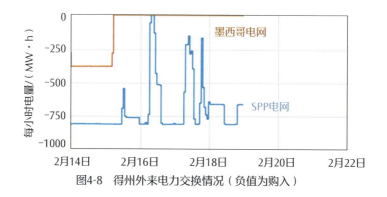

图4-8 得州外来电力交换情况（负值为购入）

同时，得州内部电网互济能力也相对不足，在2月17日，得州主要用电负荷恢复供电的情况下，以燃气机组供电为主的休斯敦区域停电用户数量仍然相对较大。

（三）电网运行与电力市场管理机制不完善

不完善的体制机制是大停电的深层次原因。电网管理体制松散是病因，"症状"则体现在电网缺乏统一规划、电网调度体系分散、私有化带来产权主体众多等诸多方面。这些问题不仅埋下了大停电事故的"祸根"，而且一旦发生事故，很难及时止损。私有企业片面追求经济效益、忽视社会效益，造成基础设施老化，对提升电网安全性的资金投入严重不足。近十年来得州已连续两次发生大停电事故。与PJM电力市场等北美其他市场不同，得州电力市场仅运营能量市场，未运营容量市场，而是通过采用尖峰电价机制补偿机组的容量成本，尽可能鼓励电源投资和可靠供应。但仅靠尖峰电价机制，无法充分激励发电企业实施机组耐寒改造等措施以提高供电可靠性。本次停电事故发生前，得州电网整体发电容量充足，采用国内电力平衡原则，在考虑14%的负荷裕度下，得州电网具有500MW左右的电力盈余。然而电力市场环境下，发电企业过于追求经济效益最大化，风电机组未加装防寒或加热装置，部分核电、煤电以及燃气机组因水循环系统冰冻被迫停运，提升设备可靠性的投入与收益不符，导致极端天气下的设备可靠性相对不足。

（四）应急保障能力不足

应急保障能力不足是扩大停电范围的推手。严寒天气预警后，一次能源应急储备不足。得州地区天然气电厂基本依赖天然气管网供能，电厂缺乏足够的能源应急储备。在天然气管网冰堵的情况下，主力电源燃气机组无法发挥保供电作用。

缺乏应对极端事件的科学应急管理预案和机制，极端条件下系统运营维护和应急抢修的经验相对不足，随着气温逐步回暖，电网才逐步恢复正常。即使在气温逐步上升、电力系统恢复正常运行的2月20日，系统内仍有超过30000MW的机组未能并网运行。事故期间各类型发电机组未并网容量如图4-9所示。

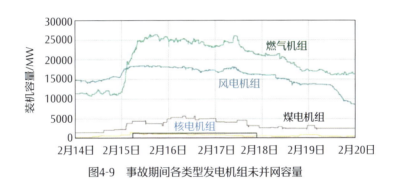

图4-9　事故期间各类型发电机组未并网容量

🧠 思考与启示

合理的电源结构是电力可靠供应的基础保障。近年来，国际国内多次停电或电力紧缺事件，反映出常规电源在电力保障和可靠供应方面的"压舱石"作用。在"双碳"目标背景下，大力发展新能源的同时，如何合理兼顾常规电源及灵活性调节电源的发展规模和布局，确保极端情况下电网安全运行与电力可靠供应，是需要仔细研究的问题。

设备耐极端环境是应对气候变化的必要措施。近年来，随着全球气候变化多端，极端天气频繁发生。在2024年初寒潮过程中，华中、华北多地风电机组发生受冻停运，对供电能力造成了一定影响。应考虑对重点地区的发电机组和输电线路开展抗冰、防舞等改造，在成本可控范围内，有效提高电力设备对极端气候的耐受程度。

吸取本次得州停电事故教训，结合电网规划发展需求，对电网安全发展有以下几个方面的启示。

（一）落实能源安全战略，保持战时思维

在电网规划发展过程中对重点区域、重点负荷规划运行需具备战时思维，加快推进世界一流城市电网建设，保障重点区域、重点负荷的供电可靠性。通过差异化规划，对重要输电通道、"三跨"线路（跨越高速铁路、高速公路及重要输电通道的架空输电线路区段）、极端气候区域电力设施适当提高规划设计标准，提升极端事件下电网韧性。

（二）强化应急管理，保障物质储备

加强应急体系建设，提升突发事件（特别是极端天气、水火灾害事件）预警能力，提升应急管理能力，编制程序化、规范化的应急处理预案，提前做好极端事件前的设备检修、物质储备和人员动员；适当配置可移动式紧急电力保障车辆，增强电网突发事件应急处置能力。

（三）平衡安全效益，坚持本质安全

统筹协调好安全和效益的关系，电网规划建设强化本质安全，重点关注电网过渡转型期安全风险，电网运行维护加强安全风险管控，排查设备安全隐患。严格落实《电力系统安全稳定导则》（GB 38755—2019）、国务院599号令，防患电网结构性风险，以安全为前提推动电网高质量发展。

（四）电网合理分区，强化联络支援

在电网合理分区的情况下，须强化联络支援。特别在我国特高压直流输电通道快速发展的阶段，需关注特高压直流双极闭锁情况下的潮流支援通道建设，建议加快推进特高压交流网架建设，化解电网"强直弱交"安全隐患，实现更大范围的资源灵活调配，发挥大电网相互联络支援的优势。

（五）电力电量平衡，保持调节裕度

在"双碳"目标驱动下，我国新能源快速发展，需注意发挥煤电"压舱石"作用，同时积极发展需求侧灵活性调节措施，提升电网调峰能力建设，推动抽

水蓄能、电化学储能等调峰设施建设，加快推动火电厂灵活性改造，有效提升电网的运行弹性和灵活性。

（六）保障电力设备质量，守住电网安全防线

电力设备的安全可靠是电网安全的物质基础。对于电网老旧设备，建议定期开展设备运行状态评估。存在安全风险的设备，建议分批实施改造。同时加强新的电力设备入网检测和在运设备的状态评估，对设备风险"早发现、早处理"。

案例9

墨西哥 "12·28" 停电事故

事故概况

当地时间2020年12月28日14：29，墨西哥发生大面积停电事故，包括首都墨西哥城在内的12个州、共计1030万用户受到停电影响，停电持续时间约2h，损失负荷比例约占当时总负荷的26%，影响了东北部、西部、中部地区的居民用电。

墨西哥国有公用事业公司（Comision Federal de Electricidad，CFE）表示，本次大规模停电事故起因是，发生在塔毛利帕斯州的大火在1min内引发两条400kV输电线路相继跳闸，并引发全网范围的功率不平衡，进而导致超过9GW的化石燃料和可再生能源发电厂脱网。在恢复电网阶段，新能源未能及时并网发电，导致电力恢复时间延长。

本次事故的起因和发展过程比较特殊，官方事故调查结论存在争议，但事件本身在电网规划建设和运行管理等方面，有许多值得深思的经验和教训。因此，本文从大停电地区电力系统自身特点入手，介绍并分析事故的起因及发展，并结合我国电力系统发展的特点和趋势，总结对我国电网运行管理的借鉴意义，以及经验与启示。

墨西哥电力系统概况

（一）电源概况

截至2017年底，墨西哥全国电力总装机容量约75685MW，其中，传统能源占比70.5%，可再生能源占比29.5%。传统能源中，联合循环电站装机28084MW（占总装机37.1%）；可再生能源中，水电装机12642MW（占总装机16.7%），风电装机4199MW（占总装机5.5%），光伏装机214MW（占总装机0.3%）。2018年，墨西哥国家互联系统最大负荷4517万kW，全年发电量3002亿kW·h。

（二）网架概况

墨西哥电力系统主要划分为4个异步的交流电力系统，共10个控制区域。墨西哥最大的交流电力系统称作国家互联电网（National Interconnected System，SIN），SIN包括中央区、东部区、西部区、西北区、北部区、东北区及半岛区7个控制区域，西部区、中央区、东北区及东部区的负荷之和约占墨西哥全国负荷的75%。其余3个控制区域位于下加利福尼亚半岛，分别是下加利福尼亚电网、南下加利福尼亚电网及穆里赫电网。

东北区是墨西哥的第三大负荷区，年均用电量约560亿kW·h。东北区2022年电源装机达1960万kW，其中，风电和光伏总装机达220万kW。输电格局上，东北区表现为送端电网，其在满足本区用电需求的基础上，通过几回交流输电线路，将富余电力输送给相邻的西部区、中央区和东部区。

墨西哥电力系统的输电网由超过11000km的高压输电线路和164000MVA容量的变电站构成，其主干交流输电网架的电压等级为400kV和230kV。这些输电变设备将墨西哥电力系统划分成53个输电区域，并通过13回跨国输电联络线连接美国电网、危地马拉电网和巴西电网。与负荷中心分布相匹配，墨西哥电力系统的大多数输电设备也聚集在中央区、西部区及东北区。

（三）电网运营与管理机制

墨西哥电力机构主要有能源部（SENER）、能源监管委员会（CRE）、国家能源控制中心（CENACE）和国家电力公司（CFE）。能源部负责国家能源政策和电力系统规划制定；能源监管委员会负责电力市场监管、发电许可颁发和电力市场运行监管规则制定；国家能源控制中心负责电力系统规划、调度和电力市场运营，从而实现安全、稳定、优质、经济的电力供应；国家电力公司拥有墨西哥电网大部分资产，提供发电、输电和配电一体化服务，在墨西哥国内输电和配电领域处于寡头地位。

墨西哥国家能源控制中心（CENACE）职能如图4-10所示。

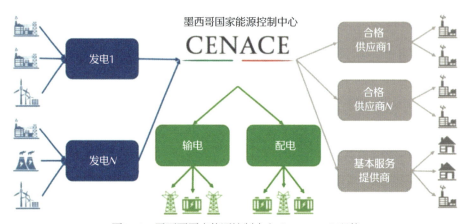

图4-10　墨西哥国家能源控制中心（CENACE）职能

事故演化过程

　　2020年12月28日下午，位于墨西哥东北地区的塔毛利帕斯州（Tamaulipas）帕迪拉市（Padilla）发生丛林火灾，过火面积达到30hm^2（1hm^2=10^{4}m^2）。在强风的帮助下，火焰燃烧着灌木和草原，并将烟气、热空气和灰烬"送往"架空输电线。烟灰和高温会导致空气绝缘性能降低，大量颗粒和灰烬也会引发输电线路间隙放电，容易导致线路跳闸。架空输电线下丛林火灾现场如图4-11所示。

图4-11　架空输电线下丛林火灾现场

- **14:27** 大火引发一条400kV高压输电线路跳闸。该线路连接位于塔毛利帕斯州的Lajas变电站和位于新莱昂州的Guemez变电站，是墨西哥SIN电力系统东北区的大容量重要输电通道。

- **14:28** 另一条400kV高压输电线路跳闸。该线路同为连接Lajas变电站和Guemez变电站的大容量重要输电通道。其在首条400kV线路跳闸停运后，被迫承载了大部分停运线路转移的潮流，造成线路过载。

尽管正值当地节假日，全网负荷处于中等水平，但相关输电线路仍接近满载运行，用以疏散墨西哥东北部电网的富余电力。事故发生前，南北断面潮流较高，塔毛利帕斯—新莱昂州跨州400kV双回输电线路故障引发南北输电断面功率越限，进而导致马萨特兰—特皮克州的两回400kV输电线路以及杜兰戈—弗雷斯尼约州的单回230kV线路停运。南北输电通道潮流骤减，加剧了墨西哥SIN电力系统各区域供需不平衡，导致16座发电站、总计926.2万kW发电装机脱网，约占当时系统总负荷26%，其中燃气联合循环、太阳能发电、风电、其他化石燃料发电机组分别占比67.5%、18.5%、9.5%、4.5%。电源脱网使得SIN系统出现功率振荡，不平衡功率一度达到750万kW，接近系统最大出力的10%，安全稳定控制装置自动动作，相继切除相关用电负荷，最终引发大停电。受停电事故影响的用户达1030万，停电范围覆盖包括首都墨西哥城在内的12个州。

事故发生后，经过CFE联合CENACE等电力企业紧急应对，15:30，45%的受影响用户恢复供电；16:30，CFE宣布所有停电用户恢复供电，停电时间约2h。

⊘ 事故原因分析

2020年12月29日，墨西哥总统洛佩斯在本次停电事故后的例行发布会上向国民保证，类似事故不会再次发生。他强调，"停电责任不在国家电力公司，那些企图利用这一事故推动墨西哥电力私有化的人不会得逞"。事后，一个由6位专家组成的独立专家调查组对本次墨西哥"12·28"停电事故原因展开调查。2021年7月5日，调查组在CFE召开新闻发布会公开事故调查结论。

首先，调查组肯定了事故的导火索是，位于塔毛利帕斯州的丛林火灾波及附近社区的垃圾场，燃烧产生灰烬和热空气柱产生电离放电，击穿架空输电线间的空气绝缘，导致线路跳闸。其次，调查组确认电力系统保护正确动作隔离

第四章 极端天气自然灾害破坏电网结构

了故障线路。而对于SIN系统后续连锁故障和大范围功率不平衡，调查组认为是各种因素综合作用所致，并着重归咎于墨西哥电网新能源过度饱和。调查过程中，专家们发现位于塔毛利帕斯州的圣卡洛斯风电场（容量19.8万kW）在故障发生后的电力系统暂态演变关键时刻不当并网，进一步恶化了线路跳闸引发的事故影响。最后，调查组在结论中强调，以风、光等间歇性能源发电的可再生能源电厂大量并网削弱了系统的安全性与稳定性。

然而，美国和墨西哥有关高校专家却认为，本次事故不应归责于可再生能源。美国麻省理工学院教授卢尔德、墨西哥蒙特雷科技大学教授保罗认为："与欧洲很多国家相比，墨西哥可再生能源占比并非特别高，把停电责任推给可再生能源完全是政治考量，墨西哥国家电力公司的目的是维持传统能源地位，阻止可再生能源份额进一步增长。"此前，墨西哥政府对外宣称，预测近几年用电需求下降，具有波动性、间歇性特征的可再生能源发电不利于电力系统稳定可靠运行，因此以供电安全为由，一度中止了多项可再生能源发电项目。而能源转型和电力市场化改革拥护者则认为，该举措是在干扰可再生能源市场和电力市场发展，最终目的是为了维护传统能源供应商的利益。

⟨∘⟩ 启示与建议

（一）事故引发启示

尽管事故原因存在争议，但事件本身在电网规划建设和运行管理等方面，依然能给予我们启示。

1. 稳固的电网网架结构是保证电网安全的根本保障

墨西哥电网北部与中部通过5回400kV输电线路联网，潮流由南向北，输电距离远，当两回线路发生跳闸或故障后，北部电网与中部电网联系薄弱，电力需大范围迂回，导致出现线路相继跳闸和系统频率振荡，连锁反应导致系统崩溃。自1965年以来全球不同规模的电网均发生过重大电网停电事故，例如2019年发生的"3·7"委内瑞拉大停电和"6·16"阿根廷、乌拉圭大停电。分析这些大停电事故的发展过程，其物理本质主要与网架结构不坚强、输电网络无法支撑远距离电能输送、故障后潮流大范围转移引发连锁反应、严重情况下导致系统发生崩溃及故障后的潮流大转移引发连锁反应导致稳定破坏有关。

2. 电力系统三道防线是保障电网安全的重要基础

本次墨西哥大停电事故中，两回同走廊的400kV输电线路故障跳闸，若能及时采取稳定控制措施，有可能避免后续线路联锁跳闸和频率发生大幅振荡以及机组的无序脱网。从电力系统发生大面积停电事故的机理看，电网崩溃往往是在大电网安全充裕度下降的条件下，由发电、输电等设备的连锁反应事故诱发的，都有一定的发展过程。通过采取正确的控制策略，提高电网的充裕度，切断恶性连锁反应链，将系统状态导向良性的恢复过程，大停电事故是可以有效控制的。因此，结构合理的大电网在统一调度和控制的基础上，通过区域间事故情况下紧急功率支援和配置坚强的安全稳定防线，能够遏制事故的发展，降低事故可能造成的影响，避免全网性大停电事故。因此，特别对于发生概率较大的同塔线路双回故障跳闸的情况，应合理配置稳控系统，及时采取稳定控制措施保证电网安全稳定运行，避免高频切机及低频减载等第三道防线动作大量切除机组和负荷，引发大面积停电。

3. 系统故障期间新能源机组跳闸是扩大事故的直接原因

本次墨西哥大停电事故中，系统发生振荡过程中大量新能源机组，常规电厂在系统频率大幅上升过程中因过频动作跳闸，导致频率进一步大幅波动。2019年8月9日，英国发生大规模停电事故。大停电起源于英格兰的中东部地区及东北部海域，最终导致英格兰与威尔士大部分区域停电。此次事故暴露出在新能源高渗透率条件下，新能源大量替代同步机，将导致系统惯量水平下降，恶化频率响应特性，削弱系统抵御功率缺额的能力。

4. 重要输电通道安全是电网安全运行的基础

本次墨西哥大停电事故的起因是草原火灾引发两回主干输电线路故障跳闸。我国电网大多数通道跨越多省区，线路距离长，走廊环境复杂，多重因素威胁输电通道安全。

（二）对我国电网运行的主要建议

1. 加强电网合理分区和安全稳定防线建设

（1）在电网电源规划中优化电源结构、合理分散布局，增强负荷中心电源支撑能力，根据《电力系统安全稳定导则》（GB 38755—2019），电网的合理分区是指"以受端系统为核心，将外部电源连接到受端系统，形成一个供需基本平衡的区域"。

（2）电网规划应优化完善网架结构、交直流交互影响严重等安全风险问题。

第四章 极端天气自然灾害破坏电网结构

（3）严格按照《电力系统安全稳定导则》（GB 38755—2019）配置稳定防线，提升电网应对严重自然灾害等可能引发的大面积停电事故风险的能力。

2．提升新能源电厂并网对电网安全稳定运行的应对措施

（1）加强新能源电站并网管理，合理应用新能源机组并网技术性能，提升新能源涉网时频率、电压故障穿越能力。例如大规模新能源接入电网后，可通过减载运行，预留一定容量的备用功率参与系统调频。

（2）强化并网管理，规范流程管理，加强过程控制对新能源电厂的并网过程进行一定的流程管理与控制，首先是并网点的确定，然后确定并网的运行方式，最后编制启动投运试验方案。

3．优化输电网和线路的布局，做好重要输电通道运行维护管理

在输电网和线路的实际规划中，应充分考虑地区差异性，优化输电网和线路的布局，优化输电网和线路实践应用中的层次结构，防止其结构处于无序和错综复杂的状态，从而为输电网和线路的安全稳定运行提供可靠的保障，实现输电网和线路结构及性能的优化，尽可能减少故障发生的概率，从而减轻安全运行管理工作量，加强对于自然因素的防治措施，加强输电线路运营维护管理。

案例10
欧洲电网"7·24"解列事故

🖼 事故概况

当地时间2021年7月24日，法国南部地区由于连续高温引发山火，造成跨国输电线路连锁故障和功角失稳，西班牙、葡萄牙和法国南部电网从欧洲大陆电网解列，导致该区域电网频率大幅下降，并触发了系统低频减载，造成负荷损失（以下简称"7·24"事故）。

⚡ 欧洲跨国互联电网概况

（一）跨国互联历程与跨国电力交易

20世纪中期至21世纪初，随着经济快速发展与电力需求不断提高，欧洲电网互联规模持续扩大、电压等级不断提升，欧洲电网跨国互联与输电运营商联盟发展相互交织、协调推进。

欧洲跨国电网同步互联进程如图4-12所示。

目前，欧洲已形成欧洲大陆、北欧、波罗的海国家、英国、爱尔兰五大同步电网，受地理、技术、政治等因素影响，各同步电网之间通过直流线路异步互联。其中欧洲大陆、北欧、英国及爱尔兰电网主网架为400（380）kV，波罗的海国家主网架为330kV。目前，欧洲共有35个国家的39家输电运营商加入欧洲输电运营商联盟（European Network of Transmission System Operator for Electricity，ENTSO-E），形成世界上最大的跨国互联电网。欧洲电网跨国互联情况如图4-13所示。

随着跨国电网互联不断加强，欧洲跨国跨区电量交换规模日益扩大。2010—2018年，ENTSO-E内部跨国交换电量从3472亿kW·h/a提高至4349亿kW·h/a，增长约25%，2018年跨国交换电量约占全年用电量的12%。若将欧洲划分为西欧、东欧、北欧、南欧、波罗的海国家、不列颠群岛6个区域，则

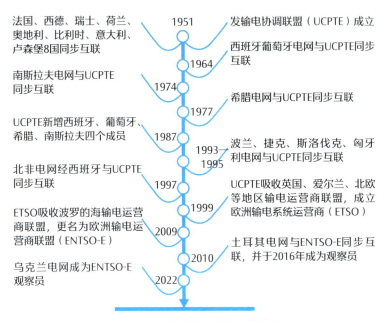

图4-12 欧洲跨国电网同步互联进程

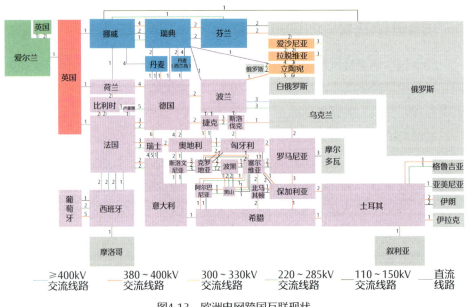

图4-13 欧洲电网跨国互联现状

2010—2018年欧洲跨区交换电量从1088亿kW·h/a提高至1474亿kW·h/a，增长约35%。2010—2018年欧洲跨区输送电量变化如图4-14所示。

图4-14 2010—2018年欧洲跨区输送电量变化

总体而言，欧洲是全球主要电力消费地区之一，但是受限于自身资源禀赋、可再生能源开发现状、可再生能源出力特性等因素，每年仍需进口大量石油、天然气等传统化石能源。这使得欧洲电力系统具有天然的脆弱性，具体表现为对内要解决电力供应的不确定性风险，尤其是极端天气下的电力安全保供问题，对外要解决一次能源供应的高依赖度问题，同时在结构上要减少化石能源消费占比较高的问题。而通过加强跨国电网互联，可以推动欧洲各国电量余缺互济与平衡资源共享，为统一电力市场搭建物理平台，促进具有高不确定性的可再生能源在更大范围内互补互济，从而加快可再生能源开发与相关产业链升级，降低发电用化石能源消费及对外依存度，最终有助于从技术、产业、资源、机制等多方面提高欧洲电力供应的安全性。

（二）支撑电力保供的交易与调度特征

在统一电力市场已基本形成的背景下，欧洲跨国电力交换主要由市场行为驱动。因此，跨国互联电网对电力保供能力的提升，与欧洲电力市场交易、电力调度方式紧密相关，其主要特征在于分区定价且调度与交易分离。

欧洲从运行角度将电力系统分为同步区、负荷频率控制区、监视区、控制区等不同层级的分区，同时从市场角度划分了竞价区、容量计算区等。欧洲电力市场与电网运行分区之间的关系如图4-15所示。

在现有分区方式下，欧洲单个国家包含一个或多个竞价区，且同一个竞价区内的日前电价相同，这使得竞价区内部的电能交换可以打包成标准产品在二级市场交易，且对于储能、需求响应等灵活性调节技术具有更好的适应性，这有助于提高电力系统的抗扰动能力。

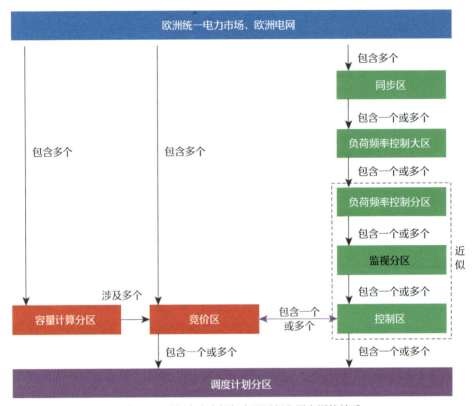

图4-15　欧洲电力市场与电网运行分区之间的关系

　　此外，欧洲分设电力交易机构与输电系统运营机构，实现了市场范围和调度区解耦。欧洲电力交易机构负责电能市场的组织、出清与结算，而以各输电运营商为代表的调度机构则负责电网安全分析、交易结果确认与潮流校核等，同时并不要求交易范围与调度范围一致。对于竞价区内部阻塞问题，可以通过改变网络拓扑结构、再调度、对冲交易等方式，实现市场与调度的协调运行。

　　随着欧洲跨区电力交易规模的扩大以及可再生能源持续大量接入，不同跨区断面之间、跨区断面与区域内部输电通道之间的相互影响日益增强，部分跨区断面的阻塞更加严重，且各区域内部面临不断增大的再调度压力。因此，欧洲进一步提出基于潮流的市场耦合机制，在跨区输电容量分配中进一步考虑各区域内部电网的等值参数。该机制有助于增大跨区输电断面的容量可行域，并减少再调度压力，减少非计划潮流与电网阻塞，提高跨国输电通道的电力保供能力。然而该机制计算过程相对复杂，出清结果可解释性有所下降。

（三）近年来欧洲跨国电网夏季供电情况

电力需求方面，欧盟国家2021年夏季用电量处于近年平均水平。虽然遭遇了大范围高温干旱天气，但受高电价、政府政策、需求侧管理等因素共同作用，欧盟国家2021年夏季总用电量为4054亿kW·h，略高于2020年同期水平。欧盟国家2018—2022年夏季（7、8月）用电量如图4-16所示。

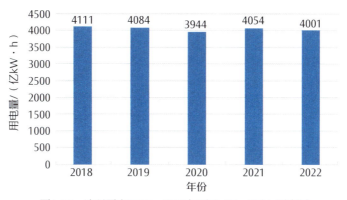

图4-16 欧盟国家2018—2022年夏季（7、8月）用电量

欧洲部分国家2018—2022年夏季（7、8月）最大负荷如图4-17所示。可以看到，电力消费大国德国、法国、意大利、西班牙、波兰2021年夏季最大负荷与2018—2022年同期最高水平基本相当。

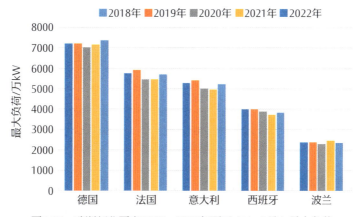

图4-17 欧洲部分国家2018—2022年夏季（7、8月）最大负荷

电力供给方面，2021年夏季，欧盟国家清洁能源发电量占比52%；水电、核电发电量占比共40%；煤电、气电、油电发电量占比共27%；太阳能发电量

占比上升至9.1%。欧盟国家2018—2022年夏季（7、8月）发电量及发电结构如图4-18所示。

图4-18　欧盟国家2018—2022年夏季（7、8月）发电量及发电结构

法国电网与周边国家紧密互联，起到了重要的电量余缺互济作用。法国与周边国家输电通道最大净传输容量如图4-19所示。

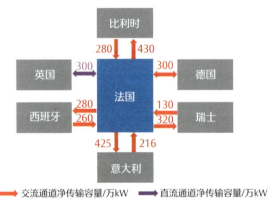

图4-19　法国与周边国家输电通道最大净传输容量

事故演化过程

（一）事故发生前

葡萄牙、西班牙和法国南部电网经3回400kV线路、2回225kV线路与欧洲

大陆电网联系。2021年7月，欧洲南部地区持续高温，从法国电网输入西班牙的电力规模较大，事故前达到2451MW。7月24日，5回线路所经过的法国南部地区因高温发生了山火。

（二）事故发生后

- **16：32：12**　上述5回线路构成的输电断面中，1回400kV线路因山火跳闸，系统保持稳定运行，但已不满足N-1安全准则。法国和西班牙TSO决定将法国送西班牙电网潮流压降至1200MW，以保证电网N-1安全性。

- **16：35：23**　法国和西班牙TSO尚未完成压降断面输送潮流，第2回400kV线路（与第1回部分同塔）也因山火跳闸，造成该断面上其他线路潮流大幅增加。

- **16：36：37—16：36：41**　该断面上第3回400kV线路过载跳闸，造成西班牙、葡萄牙和法国南部电网与欧洲大陆电网间功角失稳。其余联络线因失步保护跳闸，最终导致系统解列。在此期间，西班牙与摩洛哥2回400kV联网线路、法国南部10回63kV线路也因系统失步发生跳闸。

- **16：37—16：45**　西班牙、葡萄牙和法国南部区域电网频率最低降至48.65Hz，欧洲大陆电网频率最高上升至50.06Hz。西班牙、葡萄牙和法国南部电网调频备用、低频减载启动，频率偏差逐步减小至±0.2Hz。

（三）恢复并列

- **17：09**　电网重新并列运行。

事故原因分析

（一）事故主要原因分析

1．稳定控制措施缺位

"7·24"事故中，在第1个和第2个故障之间存在3min控制窗口，然而校正控制未能及时实施，导致后续连锁故障。

2．对极端天气的防范措施存在疏漏

按照法国输电网安全校核的要求，在发生山火、雷电等异常的情况下，应校核同塔双回线路同时故障。但由于消防部门没有告知TSO线路周边山火情

况，TSO对通过该地区的400kV线路仍然按$N-1$准则控制输送容量，断面输送潮流过高。

（二）频率控制措施综合作用效果分析

解列事故后控制措施的重点在于快速复系统频率，防止频率崩溃引发大面积停电。上述频率控制措施综合作用，在较短时间内基本实现了功率平衡，将频率控制在允许范围内，为系统重新并列运行创造了条件。

"7·24"事故中，由于西班牙、葡萄牙和法国南部系统惯量较小，频率跌落幅度大、变化率大，频率控制较为困难。频率偏差超过±0.2Hz后，FCR在30s内达到了额定备用容量439MW。葡萄牙电网在频率下降至49.2Hz时切除394MW可中断负荷。在频率继续下降至48.65Hz的过程中，触发西班牙、葡萄牙和法国南部电网低频减载，切除了4.3GW终端负荷和2.3GW抽水蓄能机组（抽水状态）。"7·24"事故后功率平衡结果见表4-2。由于低频减载产生过切，西班牙、葡萄牙和法国南部电网发电功率过剩，造成过电压，导致3689MW电源脱网。

表4-2 "7·24"事故后功率平衡结果

区域	盈余功率/MW	平衡功率/MW				
		合计	频率控制备用	可中断负荷	切除抽蓄机组	切负荷
西班牙、葡萄牙和法国南部电网	−2451	7441	439	394	2302	4306

🔍 思考与启示

随着中国电力系统高比例新能源、高比例电力电子化"双高"特征凸显，可能出现更加复杂的安全稳定问题。借鉴欧洲电网"7·24"解列事故，对中国电网运行安全提出以下建议。

（一）提升薄弱环节识别和连锁故障控制能力

单一故障发展为连锁故障进入快速发展阶段后，仅凭人为措施难以对其有效阻断。中国电网中随着交直流混联电网格局逐步形成、新能源装机容量持续增长，电力系统运行方式更为多变，偶然事件引起电网事故发生的概率不断增加。火电、水电等常规电源空间被大幅挤占，系统等效惯量水平、电压支撑能力相对下降，交流与直流、送端与受端、新能源与常规机组之间相互影响，各类稳定问题复杂交织，极易在各省级电网乃至区域电网间形成连锁反应。需要研究应用全电磁、机电电磁混合仿真技术，提升"双高"电网精细化仿真水平；研究利用量化的稳定分析和在线智能化实时计算，实现电网运行风险的在线识别与预警；加强对连锁故障机理的研究，研究阻断连锁故障的控制逻辑，通过加强三道防线的协调，提升其自适应优化能力，增强对连锁故障的防控能力。

（二）推进调频备用市场机制研究

系统频率恢复过程中，调频备用及时响应，提供灵活的调频服务至关重要。"双高"电力系统中，系统转动惯量减小带来的频率问题逐步显现。可再生能源发电的波动性与间歇性问题、可再生能源电源的故障问题，在负荷波动之外，产生了更大范围、更小时间尺度的备用需求。在欧洲电网，TSO可通过市场机制获得调频备用服务。中国电力辅助服务市场仍处于探索阶段，补偿力度较低，电源承担备用的积极性不高，部分省份备用资源不足。迫切需要完善市场机制，以市场化经济手段激励各类机组参与调频辅助服务，并逐步推动储能、需求侧响应等各类市场主体积极参与，扩充电网调频资源。促进具有快速爬坡能力、调节性能良好的电源参与调频服务，建设区域性的调频市场，在更大范围内配置辅助服务资源。

（三）促进可中断负荷研究应用

可中断负荷与发电侧备用容量相协调作为调频备用应对小概率严重容量事故，比单纯的发电侧容量备用更经济。欧洲电网在可中断负荷的定价和补偿等市场机制建设，以及应用可中断负荷提供事故备用、抑制频率快速跌落等方面有一定经验。中国电网中，可中断负荷市场机制尚未完善，主要采用行政措施或邀约方式获得，其应用领域较为单一，主要用于调峰辅助服务。为有效应对高比例可再生能源运行带来的频率稳定风险，需进一步研究建立电力市场背景下的可中断负荷激励机制，提升用户参与积极性，将需求侧资源纳入电力系统运行控制体系，把可中断负荷应用场景扩展到调频备用和紧急控制，优化可中断负荷、电源与其他类型紧急控制措施的协调策略，提高系统应对事故扰动的能力。

（四）提升电网抵御极端天气的能力

近年来，暴雪、冰冻、暴雨、高温等极端天气频发，给各国电网安全运行均造成了不同程度的影响。在适应"碳中和"、实现能源转型过程中，增强电网弹性和韧性，提升电网抵御极端天气影响的能力，已成为各国电网发展的共识。随着全球气候变暖，未来一段时期极端天气发生的频度和强度均呈增大趋势。中国各地气候条件差异大，微地形、微气象特征明显，极端天气威胁电网安全的方式、特性差别较大。应进一步加强系统性研究，从电网规划、工程设计、电网设备、运行维护、应急响应、防灾设备、减灾技术等方面建立健全技术和管理体系，加强与气象、消防等部门的动态联动，系统性提升电网抵御极端天气的能力。此外，加强应急管理，坚持开展一、二次能源联动分析，定期评估电力供给风险，制定风险防控与应急响应预案，构建起一道新型电力系统的安全底线。